东江源水文水资源调查

刘祖文　朱易春　张大超　连军锋　陈优良　曾金凤　张立楠　著

中国建筑工业出版社

图书在版编目（CIP）数据

东江源水文水资源调查 / 刘祖文等著. — 北京：
中国建筑工业出版社，2022.12
ISBN 978-7-112-28230-2

Ⅰ. ①东⋯　Ⅱ. ①刘⋯　Ⅲ. ①水文调查-安远县
Ⅳ. ①P331

中国版本图书馆 CIP 数据核字（2022）第 240297 号

　　本书基于对东江源区水文水资源进行的调查评价，摸清东江源区的基础自然要素情况；掌握东江源区水资源分布及变化情况；查清影响东江源区水生态环境的主要影响因子；掌握东江源区经济社会发展情况；充实东江源多样性数据库和科研监测数据。调查内容包括：自然地理环境调查、水文水资源调查、社会经济调查、流域水环境调查、资源调查，为各项东江源区水源保护和资源利用目标的实现提供基础资料。本书重点面向水文、水环境、水生态等专业方面的研究人员，同时可作为东江源流域的科普图书，面向全社会。

　　　　责任编辑：吕　娜　王美玲
　　　　责任校对：王　烨

东江源水文水资源调查

刘祖文　朱易春　张大超　连军锋　陈优良　曾金凤　张立楠　著

*

中国建筑工业出版社出版、发行（北京海淀三里河路 9 号）

各地新华书店、建筑书店经销

北京鸿文瀚海文化传媒有限公司制版

建工社（河北）印刷有限公司印刷

*

开本：787 毫米×1092 毫米　1/16　印张：12　字数：295 千字

2024 年 9 月第一版　　2024 年 9 月第一次印刷

定价：**58.00** 元

ISBN 978-7-112-28230-2

（40171）

前　言

　　发源于江西省赣州南部的东江，是珠江四大水系之一，是粤港重要的饮用水源和重点水质保护区，不仅担负香港、深圳、惠州、东莞、河源等地的供水，而且担负着下游灌溉、水运等任务。加强东江流域的生态环境保护和建设，直接关系国家投资百亿元的东江—深圳供水工程的正常运行；直接关系珠江三角洲和香港同胞饮用水源的清洁；直接关系香港的繁荣、稳定和发展。

　　东江源头区域的有色金属、稀土矿产及林木资源十分丰富，但是该区域拥有特殊的生态环境功能与地理区位。为了保护好东江的饮用水源，不能对该区域的资源进行广泛开采，导致资源优势无法转化为经济优势，经济发展受到一定限制，人民群众生活水平不高。伴随着社会经济的快速发展，东江源区的生态环境逐渐改善但脆弱态势依然存在。因此，东江源区水资源规划、开发利用、保护管理等工作显得日益重要。

　　本书是作者在开展东江源区综合科学考察项目过程中完成的。在综合概述了东江源现状的基础上，该项目主要开展了东江源流域水文水资源分析、水环境调查及重点保护工程研究。通过研究，项目基本摸清了东江源区的基础自然要素情况，掌握了东江源区自然资源分布及变化情况，查明了东江源区生态环境的主要影响因子，确认了各类生物群落的结构、组成、分布及演替情况，掌握了东江源区经济社会发展情况，充实了东江源区域多样性数据库和科研监测数据。

　　本书所涉及的课题得到了江西省水利厅项目（东江源水文水资源调查项目JXTC2019040403）的资助，主要工作依托江西理工大学河流源头水生态保护江西省重点实验室开展。在项目开展过程中得到了江西省水文监测中心、赣江上游水文水资源监测中心、江西省水利科学研究院，安远、寻乌、定南三县的县委县政府及其相关部门的大力支持，江西省原副省长胡振鹏教授、江西省水利厅原副巡视员谭国良研究员，江西省水文监测中心方少文、刘建新、邢久生、刘铁林、何力、邓燕青、关兴中，赣江上游水文水资源监测中心刘旗福、刘玉春、陈厚荣、赵华、仝兴庆、徐晓娟，江西理工大学董姗燕、刘星根、刘友存、成先雄、秦欣欣、李恒凯、况润元等人员对本书的完成给予了很大的帮助。作者在此一并表示衷心的感谢！

　　此外，江西理工大学硕士研究生张毅超、孙楠、滕文熙、王文琦、邹杰平、邹心怡、周萌、李奇、陈佩文、王继豪、肖向哲、朱彦辉、杨士、左华伟、范超、欧阳果仔、李迎双、邹文敏、王利娟、艾云蝉等为本书的现场调研、资料与数据整理作出了重要贡献。作者在此一并表示衷心的感谢！

本书由江西理工大学优秀学术著作出版基金资助出版，在此对江西理工大学在各方面提供的支持和帮助表示感谢。

在本书出版之即，南昌工程学院尹晓星老师参与了校稿，南昌工程学院对本书出版也给予了支持和帮助，在此一并表示感谢。

由于水平和时间所限，书中难免有不妥之处，敬请读者不吝指教。

作者

目　录

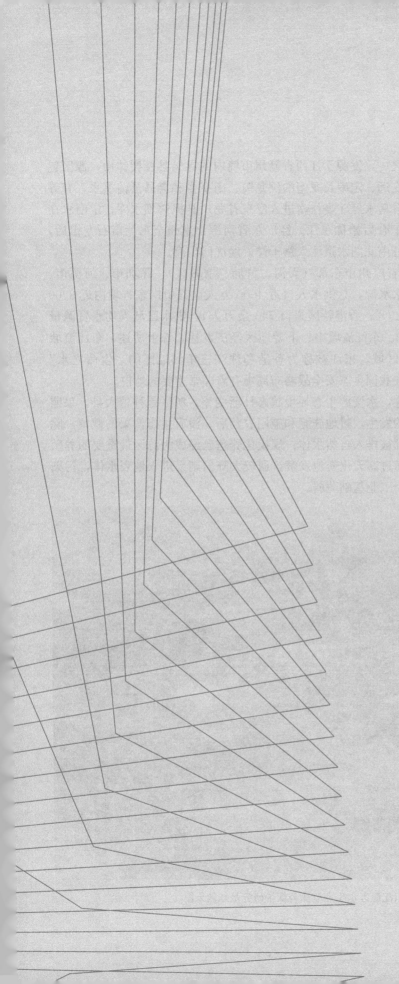

第 1 章

概述

1.1 调查背景

东江是珠江流域四大水系之一，发源于江西省赣州市境内的寻乌县桠髻钵山，源区包括江西省赣州市境内的寻乌、安远、定南及龙南的汶龙镇、南亨乡和会昌县清溪乡，有寻乌水和定南水两条主要支流。寻乌水经斗晏往南进入广东省龙川县枫树坝水库，定南水在广东省龙川县合河坝与寻乌水汇合后始称东江。经广东省河源、惠州至东莞市石龙镇后，流入珠江三角洲东部河网区，分南北两水道注入狮子洋，经虎门出海。

东江是香港特区以及广东省广州市东部（天河、黄埔、增城区）、深圳市、河源市、惠州市、东莞市等地的主要供水水源，总供水人口近4000万人（其中广东省境内近3200万人，约占全省常住总人口的30%；香港特区人口740余万人），供水区域人均水资源量约800m³，仅是全国人均的1/3。东江流域中、下游地区经济发达。综上所述，东江流域是我国经济社会发展比较快的区域，东江被称为香港和珠江三角洲地区的"生命之水""经济之水"和"政治之水"，在我国生态安全战略布局中有着非常重要的地位。

随着东江源区经济规模增大，水资源生态环境状态日渐变差。源区是种植大县，果园所占面积大，加大了水土流失的发生，耕地施肥和施用农药后，没有生态沟渠的截留，除作物吸收外的营养物质，其他都被排入自然水体；规模化养殖已经成为源区最重要的养殖模式，部分养殖场的粪污水仅通过露天化粪池发酵，遇较大降雨则易进入地表水体，污染水环境；东江源区经济较落后，工业基础薄弱。

图 1.1-1　东江源区水生态监测与保护研究基地效果图

随着生态环境和资源价值观的日趋形成，社会各界对源区水环境、水生态保护与经济社会发展的矛盾突出，水生态保护得到极大关注，特别是粤港澳大湾区建设战略提出后，东江水生态水安全提到前所有未有高度。为此，江西省提出打造粤港澳大湾区桥头堡，赣州市政府推出"会寻安"经济区建设，江西省水利厅明确新时代的行业定位与发展目标，打造东江源区水生态监测与保护研究系统，拟从源头更深层次、更广范围、更高水平保护东江源区水资源水环境，进一步推动源区民生水利发展。该项目的可行性报告及初步设计方案，已通过省发展与改革委员会和省水利厅的批复，将在江西省赣州市寻乌县建设东江源区水生态监测与保护研究基地（图 1.1-1）。基于此，2019 年 9 月，江西水利厅把东江源水文水资源调查项目委托给江西理工大学，江西省水文监测中心、赣江上游水文水资源监测中心及江西省水利科学研究院为参与单位。

1.2 调查目的与意义

1.2.1 调查目的

通过对东江源区水文水资源进行调查评价，摸清东江源区的基础自然要素情况；掌握东江源区水资源分布及变化情况；查清影响东江源区水生态环境的主要影响因子；掌握东江源区经济社会发展情况；充实东江源多样性数据库和科研监测数据。为各项东江源区水源保护和资源利用目标的实现提供基础资料。

1.2.2 调查意义

（1）建设美丽中国

对东江源区水文水资源进行调查与评价，是坚持以党的十九大和十九届二中、三中、四中、五中全面精神重要思想为指针，牢固树立科学发展观，坚持环境与资源保护基本国策和可持续发展战略，坚持环境保护与经济建设并重、污染防治与生态保护并重、源头区域贡献与支持帮助并重的方针，深化加强东江源头区域生态环境保护和建设重要意义的认识，增强大局观念，正确处理好局部与全局、眼前与长远、保护与发展的关系，努力建设美丽中国，实现中华民族永续发展。

（2）建设粤港澳大湾区

打造粤港澳大湾区，建设世界级城市群，有利于保持港澳长期繁荣稳定；有利于建立与国际接轨的开放型经济新体制；有利于推进"一带一路"建设，构筑丝绸之路经济带和21 世纪海上丝绸之路对接融汇的重要支撑区。对东江源区水文水资源进行调查评价，能系统掌握东江源区的资源状况，对加强东江流域水环境保护和水生生物资源养护，强化东江流域污染河流系统治理，推进城市黑臭水体环境综合整治，构建全区域绿色生态水网，实现粤港澳大湾区生活及生产安全供水有重要意义。

（3）建设江西生态文明试验区

生态文明建设是中国特色社会主义事业"五位一体"总体布局的重要内容。对东江源区水文水资源进行调查评价，可以全面掌握东江源区为下游安全饮水付出的努力，利于加强东江流域生态补偿研究，利于建立起东江流域生态补偿方式、核算方法等利于上下游发展的机制。东江流域生态补偿制度的建立，将进一步规范上下游的产业发展，在保护环境的同时，能够缓和上下游利益冲突问题，使上下游都能得到最大限度的发展。

（4）落实赣南苏区振兴的政策

为支持赣南等原中央苏区振兴发展，国务院专门出台了《关于支持赣南等原中央苏区振兴发展的若干意见》（以下简称《若干意见》）。《若干意见》对赣南等原中央苏区的生态定位给予了科学评价，赣南等原中央苏区是"我国南方地区重要的生态屏障"。要"推进南岭、武夷山等重点生态功能区建设，加强江河源头保护和江河综合整治，加快森林植被保护与恢复，提升生态环境质量，切实保障我国南方地区生态安全。"《若干意见》提出要大力推进生态文明建设，要"加大长江和珠江防护林工程""加强赣江、东江、抚河、闽江源头保护"。《若干意见》专门提出了生态补偿方面的政策，将东江源、赣江源、抚河源、闽江源列为国家生态补偿试点。提高国家重点生态功能区转移支付系数，中央财政加大转移支付力度。东江源头位于赣南地区，是我国重要的江河源头，其保护对于振兴苏区具有重大意义。而东江源区的调查评价无疑会对东江源区保护提供第一手资料，为赣南苏区振兴政策落实有重要意义。

（5）对接融入粤港澳大湾区桥头堡

2020年6月4日，省政府出台了《关于支持赣州打造对接融入粤港澳大湾区桥头堡的若干政策措施》通知，支持赣州市打造全省对接融入大湾区的桥头堡，加快建设省域副中心城市，示范引领全省对接融入国家区域发展战略，这对于推动新时代江西和赣州的高质量跨越式发展具有重要的历史意义。赣州是江西的"南大门"，是江西对接融入粤港澳大湾区的最前沿，也是大湾区联动内陆发展的直接腹地。"以水定需，量水而行"，东江源水文水资源调查为该项战略的实施提供决策信息与数据支撑。

（6）建设会寻安生态经济区

赣州市出台的《关于建设会寻安生态经济区的意见》指出，会昌、寻乌、安远是赣州的南大门，是国家扶贫开发重点县、东江源头县、省生态文明示范县，在推进生态文明试验区建设中具有重要地位，将按照高质量、跨越式发展要求，坚持走生态优先发展之路，致力打造山水林田湖草综合治理示范样板、东江流域生态保护与修复试验区和赣粤闽边绿色发展先行区。对东江源区水文水资源进行调查评价，能够了解东江源区的各类资源优势，更好地实施会寻安生态经济区建设，形成生态文明制度创新先行区。

1.3 调查范围与内容

1.3.1 调查范围

整个区域在江西境内涉及五个县，主要是寻乌、安远、定南三县，加上会昌有0.4km²、龙南有8.2km²，整个面积是3524km²。本次调查范围为江西境内所有区域，侧重寻乌、安远、定南3个县。

1.3.2 调查内容

此次东江源区综合调查评价的项目指南，拟通过为期2年的调查，基本摸清东江源区的基础自然要素情况；掌握东江源区自然资源分布及变化情况；查清影响东江源区生态环境的主要影响因子；了解各类生物群落的结构、组成、分布及演替情况；掌握东江源区经济社会发展情况；充实东江源多样性数据库和科研监测数据。

（1）自然地理环境调查

通过"普查-详查-监测"的多层次综合考察，了解源区自然地理环境，主要包括地质构造类型及分布、地貌类型、土壤类型及分布规律、海拔高度、年均温度、绝对最高温度与最低温度、年均降水量及分布规律、土地利用状况等。在此基础上，采用几种典型分区方法对东江源区流域进行分析，通过比对分析，得出最优分区，为进一步的调查评价提供基础。

调查成果包括调查样区、调查单元的有关表格材料、图面材料、文字材料、影像材料以及上述材料的电子文档。东江源区自然地理现状统计表；东江源区地质类型及分布图；东江源区气候类型及分布现状图；东江源区土壤类型及利用现状图；东江源区综合调查分区图；东江源区自然地理环境调查报告；东江源区综合调查分区情况及依据。

（2）水文水资源调查

通过"普查-详查-监测"的多层次综合考察，实现对源区水文水资源的认识与了解。水文水资源调查的内容主要包括流域水系调查、水文特征调查、水资源量调查及水资源开发利用调查及流域生态流量调查等。通过调查确定东江源区水资源的总量和空间分布特征；评估各类水资源的总量及空间分布，以及可利用量；评价不同级别水体的时空分布、开发利用程度和可利用潜力。

调查成果包括调查样区、调查单元的有关表格材料、图面材料、文字材料、影像材料以及上述材料的电子文档。东江源区水系情况统计表；东江源区水文特征情况统计表；东江源区水资源数量统计表；东江源区水资源开发利用情况统计表；东江源区生态流量（水位）情况统计表；东江源区水系分布及水文特征图；东江源区水资源开发利用设施分布现状图；东江源区水资源调查专题报告；东江源区水资源开发利用现状调查专题报告。

（3）社会经济调查

通过"普查-详查-监测"的多层次综合考察，掌握源区社会经济的情况。社会经济调查的主要内容包括源区的社会经济基本情况（人口、土地、经济、文化教育、卫生、交通等）调查、主要威胁因子（工业园区、矿山企业、农业面源污染、水电站等）调查及评价和旅游资源（自然风景旅游资源和人文景观旅游资源）调查评价三个方面。

调查成果包括调查样区、调查单元的有关表格材料、图面材料、文字材料、影像材料以及上述材料的电子文档。东江源区社会经济现状统计表；东江源区威胁因子统计表；东江源区旅游资源统计表；东江源区居民点及人口密度图；东江源区社会经济现状和产业分布图；东江源区威胁因子分布图；东江源区自然资源分布图；东江源区景观旅游资源分布图；东江源区社会经济调查报告；东江源区威胁因子调查及风险评价报告；东江源区旅游资源调查及评估报告。

（4）流域水环境调查

通过"普查-详查-监测"的多层次综合考察，了解源区水环境具体情况，主要包括水环境现状调查、污染物与污染源调查等。完成评价水环境现状及其变化趋势；Ⅳ类及以下水体中主要污染类型、污染成分及其来源；各类水体的空间分布及利用现状。从而提出全面、真实、准确的评价成果，建立水环境调查数据库，为流域制定水资源规划、实施水利工程、落实水环境管理制度提供数据支撑；详细把握东江源区水体动植物及微生物的种群状况，分析其对水生态安全的影响要素和变化趋向，确定东江源区当前必须应对的主要水生态问题，辨别其影响因子和影响程度。

调查成果包括调查样区、调查单元的有关表格材料、图面材料、文字材料、影像材料以及上述材料的电子文档。东江源区水环境质量统计表；东江源区污染物与污染源情况统计表；东江源区污染源分布现状图；东江源区水质分级图；东江源区水质与污染现状调查专题报告。

（5）资源调查

通过"普查-详查-监测"的多层次综合考察，了解源区生物资源状况，包括植物资源调查、野生动物资源调查和水生生物资源调查。

调查成果包括调查样区、调查单元的有关表格材料、图面材料、文字材料、影像材料以及上述材料的电子文档。东江源区水生及陆生生物名录；东江源区水生及陆生生物资源调查记录表；东江源区水生及陆生生物物种群数量、相对密度、分布地点统计表；东江源区样地布设分布图；东江源区水生及生物分布图；东江源区水生及陆生生物调查报告；东江源区水生及陆生生物多样性分析报告；东江源区水生及陆生生物综合评价报告；东江源区水生及陆生生物调查照片；东江源区水生及陆生生物调查视频资料。

1.4 方法与路线

1.4.1 调查方法

（1）分阶段：针对五个专题，撒网广泛普查；在此基础上重点进行详查；针对问题和重点评估的内容进行监测验证，共 3 个阶段。

第一阶段：普查，对源区进行拉网式调查，根据调查结果划出有代表性的区域；

第二阶段：详查，对第一阶段划出有代表性的区域进行重点调查，根据调查结果划出具有推广意义的区域；

第三阶段：监测，对具有推广意义的区域或代表性要素进行监测，得出系列的监测资料进行分析研究。

（2）分重点：注重流域与重点生态保护工程相结合，以典型"十三五"重点工程如生态补偿政策的演变、生态移民搬迁、稀土矿山修复、果业种植和禽畜养殖情况为调查对象，开展详细调查和评价。

（3）分区域：典型水功能区如国控、省划水功能区；典型流域县界、省界河流等为单元，或者根据源区的开发利用程度，以水文站网布局等作为一个单元，开展调查和评价。

1.4.2 技术路线

技术路线分四个步骤，前期准备、实地调查与成果复核、资料分析与报告编写、成果完善与项目评审。技术路线如图 1.4-1 所示。

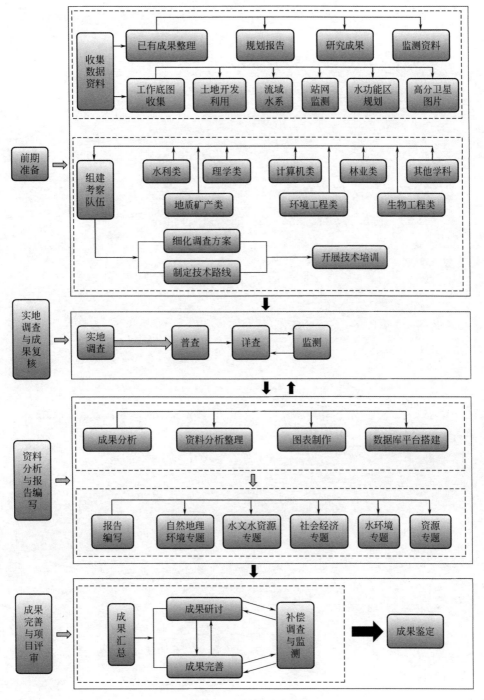

图 1.4-1 技术路线图

1.4.3 调查现状年

调查现状年为 2018 年，根据监测数据资料的收集情况和当前后延伸。尽可能还原源区水文水资源的过去、现在和未来。

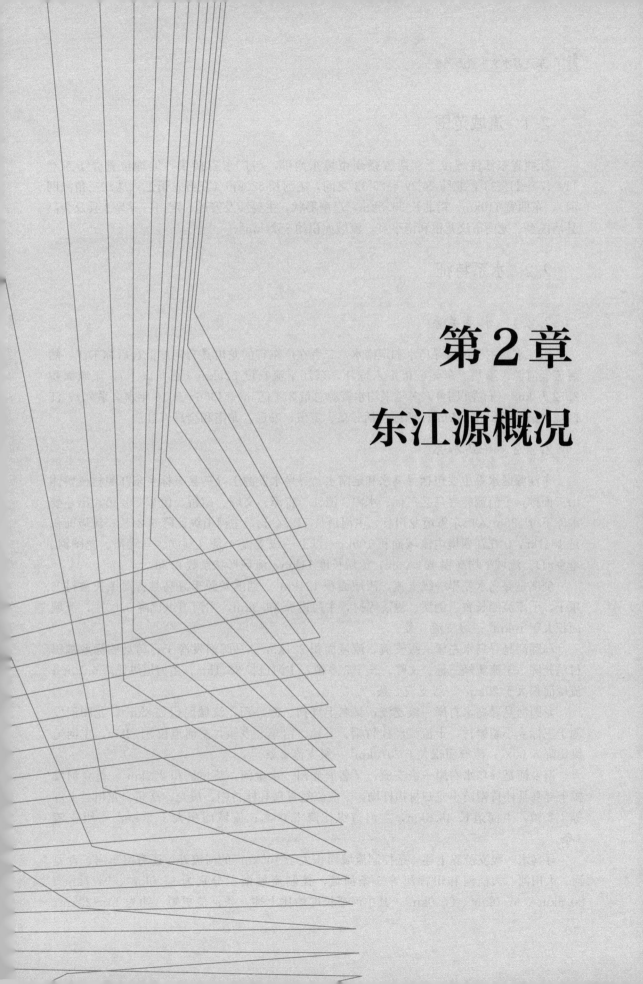

第 2 章

东江源概况

2.1 流域范围

江西省东江流域位于江西省赣州市境东南部，与广东省接壤，地理位置介于东经 114°47′～115°33′，北纬 24°29′～25°33′ 之间，主河长 520km（在石龙镇汇入珠江三角洲网河），东西宽 110km，南北长 95.5km，呈扇形状，主要涉及安远、定南、寻乌 3 县及会昌县清溪乡、龙南市汶龙镇和南亨乡，流域面积约 3524km²。

2.2 水系特征

2.2.1 水系关系

东江水系主要包括寻乌水和定南水。二者在广东省的龙川县合河坝汇合后称东江，然后流经河源、惠州、东莞三市汇入珠江。东江干流长度 520km（石龙以上），流域面积 2.72 万 km²（石龙以上），多年平均水资源总量 274 亿 m³（1956～2016 年水文系列），江西境内集水面积 3524km²，源区包括寻乌、定南、安远、龙南和会昌五县。

2.2.2 寻乌水系

东江源区水系主要包括寻乌水和定南水。寻乌水发源于寻乌县三标乡东江源村桠髻钵山三面排，干流流经寻乌县三标、水源、澄江、吉潭、文峰、南桥、留车 7 乡镇，出斗晏水库下行 120m 入广东省境龙川县，主河道长 115.4km，主河道纵比降 6.24‰；流域面积是 1841km²。在江西境内流域面积 100km² 以上一级支流 4 条（剑溪、马蹄河、龙图河、篁乡河）。流域平均高程 461.00m，流域长度 71km，流域形状系数 0.38。

剑溪是寻乌水左岸一级支流，流域面积 124km²。剑溪发源于寻乌县吉潭镇长畲村二乐子，干流流经长畲、剑溪、滋溪等村，主河道长 19.3km，主河道纵比降 5.00‰；流域面积大于 10km² 一级支流 3 条。

马蹄河是寻乌水左岸一级支流，流域面积 221km²。马蹄河发源于寻乌县三标乡基田村鸡笼嶂，干流流经三标、文峰、长宁 3 乡镇，主河道长 36.1km，主河道纵比降 6.20‰；流域面积大于 20km² 一级支流 2 条。

龙图河是寻乌水右岸一级支流，又名上坪河、鹅坪河，流域面积 268km²。龙图河发源于三标乡小湖崇村，干流流经桂竹帽、三标、留车 3 乡镇，主河道长 51.2km，主河道纵比降 6.00‰；流域面积大于 20.0km² 一级支流 2 条。

篁乡河是寻乌水右岸一级支流，又名晨光河、水金河，流域面积 272km²。篁乡河发源于寻乌县桂竹帽镇小龙归村担杆坳，干流流经寻乌县桂竹帽、晨光、菖蒲、龙川县上坪等 4 乡镇，主河道长 48.5km，主河道纵比降 5.00‰；流域面积大于 20km² 一级支流 3 条。

寻乌水一级支流除上述 4 条控制流域面积大于 100km² 的河流外，还有留车河、青龙河、大田河、大信河和田背河等 5 条河流，控制流域面积分别为 95.0km²、94.7km²、80.6km²、67.0km²、50.0km²，其主河道长度均比上述 4 条河流更短，约为 14～23km。

寻乌水二级支流控制流域面积大于 $20km^2$ 的河流有 11 条,其中田背水流域面积最大,达 $50km^2$。另外有 15 条流域面积小于 $20km^2$ 的二级支流。

2.2.3 定南水系

定南水系东江右岸一级支流,发源于寻乌县三标乡大湖崇村(115°32′E,25°07′N),自东北流向西南,干流流经寻乌、安远、定南、和平、龙川 5 县,于广东省和平县下车镇三溪口村流入广东省境,主河道长 91.2km,主河道纵比降 3.05‰;流域面积 $1683km^2$,流域平均高程 431.00m。流域长度 104km,流域形状系数 0.17。江西省境内流域面积大于 $100km^2$ 的一级支流有 4 条(老城河、下历河、新田河、柱石河)。

老城水是定南水下游右岸一级支流,江西省境内流域面积 $509km^2$。发源于定南县岿美山镇古地村,由西南流向东北,干流流经定南县岿美山、老城和和平县下车镇,于下车镇三溪口村汇入定南水,主河道长 66.4km,主河道纵比降 3.25‰。流域面积大于 $50.00km^2$ 的一级支流有车江水(江西境内)、岑江河(广东境内)、江口河(广东境内)等。

下历水是定南水下游右岸一级支流,流域面积 $203km^2$。下历水发源于历市镇汶岭村大石迳,干流流经历市、天九两镇,主河道长 35km,主河道纵比降 4.44‰;流域面积大于 $10.0km^2$ 的一级支流 4 条。

新田河是定南水中游左岸一级支流,流域面积 $200km^2$。新田河发源于三百山镇十二排山,干流流经三百山、孔田两镇,主河道长 28.9km,主河道纵比降 6.58‰。流域面积大于 $20km^2$ 一级支流 2 条。

柱石河是定南水下游左岸一级支流,流域面积 $108km^2$。柱石河发源于寻乌县桂竹帽镇蕉子坝村三星山,干流流经寻乌县桂竹帽镇、定南县鹅公镇,主河道长 24.7km,主河道纵比降 6.93‰;流域面积大于 $10km^2$ 的一级支流有 1 条。

除上述定南水一级支流外,定南水二级支流中控制流域面积大于 $50km^2$ 的河流有 6 条,按流域面积由大到小排列依次是鹅公河、龙塘水、板埠河、坪溪水、车江水、天花水,控制面积分别为 $93.8km^2$、$77.20km^2$、$61.00km^2$、$59.40km^2$、$53.80km^2$、$52.90km^2$。另外还有控制流域面积 20~$50km^2$ 的二级支流 5 条,控制流域面积 10~$20km^2$ 的二级支流 3 条。

2.2.4 水资源分区

东江源区集水面积 $3524km^2$,包括寻乌、安远、定南三县区域以及会昌和龙南二县的部分区域,主要有寻乌水和定南水。水资源三级区为东江秋香江口以上区,水资源四级区为东江上游区(表 2.2-1)。

东江源区水资源分区 表 2.2-1

水资源综合规划分区			编码	行政区划	四级区	编码	行政区划	面积
一级区	二级区	三级区		省级			地级	(km^2)
珠江	东江	东江秋香江口以上(江西境内)	H060100	江西	东江上游	H060110	赣州市	3524

2.2.5 水利工程

东江源区内溪流众多，河流密布，水系发达。据水资源公报统计，2019年水资源总量40.50亿 m³，输入广东境内约39.94亿 m³。东江源区三县供水总量2.44亿 m³，占全年水资源总量的6.02%，其中地表水资源供水量2.14亿 m³，地下水资源供水量0.10亿 m³，其他水源供水量0.20亿 m³。东江源区三县用水总量为2.44亿 m³，其中农田灌溉用水1.61亿 m³，占65.98%，工业用水占7.38%，居民生活用水占10.25%，林牧渔畜用水占13.52%，城镇公共用水占2.05%，生态环境用水占0.82%。

为提高东江源区三县的水资源利用能力、适应经济社会和生态需求，截至目前东江源区共建有中型水库5座，小型水库31座，塘坝以及引水工程、提水工程约6700座（处），见表2.2-2。

东江源区中型水库概况   表 2.2-2

序号	水库名称	所在河流名称	所在乡（镇）	流域面积（km²）	建成时间	防洪限制水位(m)	死水位(m)	总库容（万m³）	死库容（万m³）
1	礼亨水库	下历河	历市镇	34.9	—	—	—	3910	—
2	九曲水库	九曲河	天九镇	1080	1983	204	200	1050	580
3	转塘水库	九曲河	鹅公镇	929	—	225	—	2480	—
4	长滩水库	九曲河	天九镇	1312	1996	186.2	185.74	1155	678
5	斗晏水库	寻乌水	龙廷乡	1714	1998	213	194	9630	1666

礼亨水库是定南城区的唯一饮用水源地，距县城3km。坝址位于定南县历市镇中沙村坝址以上控制流域面积34.90km²。水库正常蓄水位278.01m，总库容3910万 m³，水库水质常年稳定在Ⅱ类水。大坝为均质土坝，坝顶高程为283.51m，坝顶长165m。设计灌溉面积6.8km²，防洪保护人口6.8万人，电站装机容量520kW。多年平均发电量90万 kW·h。

九曲水库是定南水下游的中型水库，位于江西省定南县东南部（115°10′18″E，24°44′32″N），西北距定南县城15km。坝址位于定南县天九镇九曲村沙罗湾，控制流域面积1080km²。水库正常蓄水位204.00m，总库容1880万 m³，为河道型日调节水库，水质达到Ⅱ类地表水标准。大坝为浆砌块石重力坝，坝顶长156.00m。水库以发电为主，电站装机容量3200kW，多年平均年发电量1780万 kW·h。

转塘水库是定南水下游的中型水库，地处江西省定南县东部（115°13′00″E，24°45′00″N），西南距定南县城28km。坝址地处定南县鹅公镇坪岗村，控制流域面积929.00km²。水库正常蓄水位225.00m，总库容2480万 m³，系河道型日调节水库，水质达到Ⅱ类地表水标准。大坝由混凝土溢流坝、浆砌石非溢流坝和均质土坝组成，坝顶总长度216.30m，坝顶高程230.20m。工程以发电为主，兼有养殖等综合效益。电站装机容量1.0万 kW，多年平均年发电量3090万 kW·h。

长滩水库是定南水下游的中型水库，地处江西省定南县东南部，西北距定南县城27km。坝址地处定南县天九镇樟联村长滩狭谷，控制流域面积1312km²。水库正常蓄水位 187.00m，总库容 1155 万 m³，系河道型日调节水库，水质达到地表水标准Ⅲ类。大坝为混凝土砌石重力坝，坝顶总长度 174.10m，坝顶高程 191.00m。工程以发电为主，兼顾旅游等综合效益，电站装机容量 6400kW，多年平均年发电量 3400 万 kW·h。

斗晏水库是寻乌水上游的中型水库，位于江西省寻乌县南部，北距寻乌县城 35km。坝址位于寻乌县龙廷乡斗晏村，控制流域面积 1714.00km²。水库正常蓄水位 213.00m，总库容 9820 万 m³，系河道型年调节水库，水质达到地表水标准Ⅱ类。大坝为钢筋混凝土防渗面板堆石坝，坝顶高程 218.00m，坝顶长度 200.53m、宽 7.60m。工程以发电为主，兼有防洪、灌溉等效益，装机容量 3.75 万 kW，多年平均年发电量 1.312 亿 kW·h。

山塘蓄水也是水资源的重要组成部分之一。经野外调查，并结合《寻乌县志》《寻乌县水利志》《安远县志》《安远水利志》《定南县志》《定南县水利志》及水利年鉴记载，据不完全统计，东江源区的蓄水量介于 1 万～10 万 m³ 的山塘有 98 个。其中寻乌水流域山塘数量为 63 个，定南水流域山塘水量为 35 个。

2.3　水文现状

2.3.1　降水

东江源区的多年平均降雨量为 1617.4mm，在季节分配上，1～6 月降水量逐渐增加，7～12 月降水量呈现递减趋势；其中 4～6 月降水量占全年的 44%，尤其是 6 月降水量最大，降水较为集中。空间分布上表现为山地较高、平原和盆地较低的格局。寻乌水和定南水交界区域多年平均降水量最大，超过 1620.0mm，其次为寻乌水其他区域以及定南水流域东侧山地区域，多年平均降水量约为 1600.0～1620.0mm，定南水流域中部和西部降水量较少，其中定南县城-胜前镇区域降水量最少，多年平均降水量小于 1560.0mm。

2.3.2　流量

定南水多年平均流量变化为 5.6～54.5m³/s，其中 50% 的日平均流量为 8.7～30.0m³/s。季节分配上表现为 1～4 月月均流量增加，4～6 月月均流量最大，7 月月均流量锐减，8 月月均流量略有上涨，9～12 月流量减少。最大月均流量 37.9m³/s（6 月），最小月均流量 6.6m³/s（12 月），两者比值 5.7。寻乌水多年平均流量变化为 9.8～74.9m³/s，其中 50% 的日平均流量为 14.5～36.8m³/s。季节分配上表现为 1～5 月月均流量增加，5～6 月月均流量最大，7 月月均流量锐减，8 月和 9 月月均流量比 7 月略小，9～12 月流量减少。最大月均流量 50.2m³/s（6 月），最小月均流量 12.0m³/s（12 月），两者比值 4.2。

2.3.3　水位

定南水胜前（二）站多年平均水位变化为 224.40～225.10m，其中 50% 的日均水位为 224.50～224.60m。季节上表现为 1～3 月水位变化较小，4～6 月水位逐渐上涨，7 月水位锐减，8～12 月水位较低。最大月均水位 224.90m（6 月），最低月均水位 224.50m（3 月），水位季节变幅 0.37m。多年平均水位变化在 219.20～219.90m，其中 50% 的日均

13

水位在219.40～219.60m。季节上表现为1～6月水位逐渐上涨，7月水位锐减，8～12月水位递减。最大月均水位219.70m（6月），最低月均水位219.30m（12月），水位季节变幅0.45m。

2.3.4 输沙

寻乌水系水背站输沙量1～2月输沙量较少，分别为0.8万t、0.4万t，占全年输沙量的2.7%和1.5%，3～4月输沙量略有增加，约为2.6～2.8万t，占比9.0%～10.0%；5月输沙量最大，占比31.8%，其次为6月，输沙量占比23.3%。7～12月输沙量较小，占比1.2%～6.3%。

2.3.5 墒情

据东江源近5年的部分实测数据分析可知土壤含水量总体呈现下降趋势，南桥站监测的土壤含水量在2017年达到5年的最低点；且随着土壤深度的增加，土壤含水率也逐渐增加，南桥站的墒情均值与土壤深度20cm处的墒情值大体一致；由于墒情值大体都处于12%（除2017年5～9月外），故按壤土类型耕作层墒情等级划分大体可为一类墒。

2.3.6 气象特征

1. 定南

据县站实测资料历年最高气温38℃，最低气温−5.3℃，平均气温18.8℃，平均相对湿度80%，最小相对湿度12%，平均干燥指数为0.54。冬季河流无冰冻现象，无霜期293d，定南县以西高东高，北高南低的地形形态，构成以县城为中心，西部以峬美山，东部大山坬崟、鸡龙嶂山及北部神仙岭三面被山环抱的良好气候条件，县境内气候有岭北、岭南之分，以神仙岭以北构成岭北气候，以南构成岭南气候，岭北平均气温比岭南低1～2℃。

定南县多年平均降雨量1587.3mm，4～6月约占全年降雨量的31.9%，11月以后至次年3月约占全年降雨量的22.1%，最大年（1975年）降雨量2137.1mm，最小年（1963年）降雨量916.4mm；年变率为2.33倍，多年平均降雨日数为161d。

2. 寻乌

寻乌年平均气温为18.9℃，极端最高气温日为38.2℃，极端最低气温日为−5.5℃。年平均日照为1824h。

寻乌年降水量的平均值为1650.0mm。有些年份达到2000.0mm以上，1961年是有记载以来总降水量最高的年份，为2488.0mm，1991年是年总降水量最少的年份，为960.0mm。4～6月最多，是全县的多雨季节，又叫主汛期。6月份是降水量最多月，11月和12月份为全年月降水量最少月。总体来看，该县地处中国南部，气候温和湿润，加上武夷山脉及南部高山隔阻，受台风影响相对较小，灾害性天气较少。

3. 安远

安远县气候温和、热量丰富、光照充足、雨量充沛、四季分明，无霜期长，有利于农作物生长。早春多阴雨，夏热无酷暑，秋爽少降水，冬季无严寒。安远县多年平均气温18.9℃，极端最高气温38.5℃，极端最低气温−6.5℃，多年平均无霜期291d，平均日照时数 1623.3h，多年平均蒸发量 1373.7mm（多年平均相对湿度 81%）。县境内多年平均降水量 1606.0mm，最大年降水量 2715.0mm，最小年降水量 1012.0mm。由于受地形地貌和时空差异影响，降水地区分布不均匀，年降水量的地区分布总的趋势是：沿九龙嶂东西两端的江头、高云山属多雨区；中部欣山、版石降水量居中；南部孔田、北部龙布雨量偏少。同时，降水时空分布也不均匀，年内降水主要集中在 4～9 月，约占全年降水量的 70%，其余为 10～次年 3 月，降水量仅占全年降水量的 30%。

2.4　自然资源概况

2.4.1　自然地理

1. 地形地貌

东江源区属赣中南山丘区地貌，是南岭与武夷山山脉的交汇区，为中山山地，呈群集的山簇形态，桠髻钵山与盘古嶂，基隆嶂等山地构成反 S 形山体，盘亘于赣粤之间。山体多由变质岩和花岗岩组成，在构造运动影响和流水作用下，形成了深谷悬崖的崇山峻岭，山峰一般海拔 1000～4000m。南侧为高丘丘陵地带，海拔一般为 300～400m，与山地连接处，起伏较大，海拔 400～500m。构成丘陵的岩石多为白垩纪的红色沙页岩和少量古老的变质岩，称为红色丘陵或红色低丘。在源区的澄江等地，是寻乌蜜橘、寻乌脐橙的最佳种植区。在断陷盆地中部沿河两岸，地势平坦，为狭长的河谷平原及溪谷平原。

东江源属多山地区。位于武夷山南端余脉与南岭东端余脉交错地带，属亚热带南缘，是一个以山地、丘陵为主的地区，地貌可概称"八山半水一分田，半分道路与庄园"。山地：指海拔 500m 以上的低山、中山等，大多由变质岩、花岗岩组成，分布在各县的边缘。山势陡峭，河谷深切，分化壳薄，植被较完好。典型的如安远三百山区。东江源属多山地区。丘陵：指海拔 200～500m 的低丘、高丘，主要由变质岩、花岗岩组成，并经过长期的风化侵蚀。变质岩形成的丘陵坡度大、河谷深；花岗岩形成的丘陵风化壳很发育，地表物质疏松。盆地：山地丘陵之间分布有许多山间盆地、谷地、隘口，大多为农田及城镇。

2. 地质概况

东江源区花岗岩组成的中低山，山顶平缓，山坡陡峭，在遭受现代流水腐蚀和风化的过程中，表层岩石形成风化带，一般山坡风化层较厚，山脊和山顶处较薄，厚度为 1～10m。风化产物多为碎石和土壤，其碎石成分与基岩一致，呈非水稳性颗粒状构造——碎块状构造，常见花岗岩风化形成的球状石蛋地形。土壤多为黄红壤和黄壤，局部与黄棕壤交错过渡，成土母质是各种岩石的风化物，有效土层多在 50cm 以上。局部地区的深切河谷中发育倒石堆。

花岗岩类为坚硬的块状侵入岩，其风化后易造成水土流失及河道、水库的淤塞。松散岩类为松散堆积层，主要分布于溪流及河谷两岸，这些地区人类活动频繁，岩土的稳定性差。

3. 地下水补给，径流和排泄

东江源区河流密度大，水系发达，河流冲沟密度 5~6km/km²。地下水主要接受大气降水补给，排泄于溪流中。由于受到地形控制，地下水径流较短，一般循环较快，地下水汇水范围与地表水范围大致吻合。由于源区人口相对较少，人类活动造成的地下水污染还不明显。

2.4.2 主要资源

1. 水资源

江西省东江流域河网密布，水系发达，溪流众多，地表水和地下水资源均较为丰富。流域多年（1956~2016 年）平均水资源总量 30.10 亿 m³。水力资源较为丰富，理论蕴藏量为 $7.48×10^4$ kW，已经和正在开发量为 $5.42×10^4$ kW。流域内设水背水文站，龙岗、剑溪、寻乌、大坝及胜前水文站等 23 个雨量站，建有斗晏、东风等 6 座中型水库及 51 座中、小型电站。

2. 土地资源

江西省东江源区的土地总面积约为 3532.60km²，其中各类型用地所占比例分别为：林地 74.18%、园地 7.94%、耕地 6.88%、水域与自然保留地 5.58%、其他农用地 2.58%、农村居民点用地 1.81%、交通水利用地 0.48%、城镇建设用地 0.27%、采矿用地 0.25%、其他独立建设用地 0.02%、其他建设用地 0.01%。

源区内的土壤类型受地貌及海拔高度的影响，土壤随海拔高度的不同大致划分为四个垂直的地带类型。

① 海拔 800m 以上的中低山地带为多有机质的山地黄壤及山地草甸土，成土母质以花岗岩类、石英岩类、泥质岩类风化物为主。

② 海拔 500~800m 的低山地带为多有机质的山地黄红壤，成土母质以花岗岩类、石英岩类、泥质岩类风化物为主。

③ 海拔 300~500m 的高丘地带为少有机质高丘红壤，成土母质以花岗岩类、石英岩类、泥质岩类、紫红色砂砾岩类、页岩类风化物及第四纪红色黏土为主。

④ 海拔 300m 以下的低丘地带为少有机质低丘红壤，成土母质为石英岩类、泥质岩类风化物及第四纪红色黏土、河流冲积物等。

3. 植物资源

江西省东江流域是我国特有植物珍贵物种较多的地区，流域内植物区系保留了大量第三纪植被和古第三纪植物区系。现已采集到标本的维管束植物物种有 126 科、384 属，约 1170 种。其中乔木约 500 种、灌木约 650 种（含藤本 100 种）、竹类约 20 种。

区内植被类型属我国东南部原生型常绿针叶林、针阔混交林及阔叶林，是我国中亚热带向南亚热带植物区系过渡地带。常绿阔叶类型是本地区的顶极群落。演替的发展次序是：荒地、灌木矮林、针叶林、针阔混交林、常绿阔叶林。

4. 动物资源

江西省东江流域内动物活动范围较广，遍布整个流域，其中定南水流域范围动物种类较多，特别是安远县三百山镇，该镇动物资源尤其丰富，而在寻乌水流域范围动物种类较少，在寻乌县长宁镇附近，几乎没有野生动物活动。

江西省东江流域现已查明野生脊椎动物 102 科 415 种，其中鱼类 7 目 18 科 56 属 74 种；两栖类 2 目 7 科 20 种；爬行类 2 目 13 科 43 种；哺乳类 7 目 18 科 55 种；鸟类 16 目 46 科 223 种；无脊椎动 243 科 1684 种，其中蛛形类 19 科 113 种；贝类甲壳类 2 纲 15 科 27 种；多足类 3 科 3 种；昆虫类 18 目 206 科 1541 种。

5. 矿产资源

源区矿产资源丰富，特别是钨、铅、锌、铜和稀土等矿产资源丰富，素有"世界钨都、稀土王国"之称。

东江源区废弃矿山及其次生生态问题是该流域突出生态环境问题之一。这些大面积废弃稀土矿区往往存在地形地貌景观破损（土地资源损毁、生态植被破坏）、水土流失、水土污染和地质灾害隐患等系列环境问题。经过东江源流域生态环境保护和治理实施方案（2016～2018 年）和重点生态环保工程的实施，东江源区寻乌、安远、定南三县有稀土矿区 228 个，面积 $15.8km^2$，经过 3 年治理已基本全部治理完成。

6. 旅游资源

（1）自然风景旅游资源

① 寻乌县石崆寨旅游景区

寻乌县石崆寨风景区坐落于寻乌县留车镇雁洋村，雁洋村是著名将军邝任农的故里，也是著名的蜜橘之乡。雁洋是寻乌县的南大门，这里距广东省交界仅 20km，距离寻乌南高速出口仅 15km，交通极为便利。

石崆寨穿越漂流是全国首创的时空穿越漂流，穿越回明朝，穿越神秘水帘洞，穿越压寨夫人聚集的美人桥，穿越奇花异果长廊。除了特色的穿越漂，石崆寨漂流还是一个集峡谷、瀑布、原始植被、峰丛绝壁、溪流奇石为一体漂流项目，大小激流跌水 1m 以上的就有十多处，漂流刺激而惊险。沿溪两岸青林茂密，偶有青崖石壁，鸟鸣空谷，溪水时缓时急，全长约为 5km。

② 寻乌八景

寻乌八景分别是"龙岩仙迹""镇山高阁""江东晓钟""文笔秀峰""西献云屯""桂岭天香""石伞标英""铃山振铎"。它们风格各异，实为游览之胜地，其中以龙岩仙迹、镇山高阁、铃山振铎尤为著名。其中的"江东晓钟"原址在县城东门外蛇山上，2000 年因城市建设的需要而被拆除，此景从而成为历史陈迹。

③ 安远县三百山

三百山景区总面积 $197km^2$，核心景区面积 $58km^2$。森林覆盖率 98%，有 116 科 2500 多种木本植物在其中争奇斗妍，400 余种野生动物在林内生息繁衍，空气中负离子浓度最高达到近 10 万个/cm^3，被誉为"天然氧吧""避暑胜地"。三百山景区拥有福鳌塘、九曲溪、东风湖、仰天湖、尖峰笔五大游览区域，155 处景观景点。"源头群瀑、三百群峰、峡谷险滩、高山平湖、原始林海、火山地貌"堪称三百山六绝。三百山是粤港居民饮用水的发源地，是国家级风景名胜区、国家森林公园、国家 4A 级景区、全国首批保护母亲河生态教育示范基地，也是全国唯一对香港同胞具有饮水思源意义的旅游胜地。

④ 定南九曲度假村

九曲度假村是 1998 年 12 月投资建设的国内首家集生态保健、休闲旅游、观光娱乐为一体的大型度假村，是国家 4A 级旅游景区。九曲度假区山清水秀，空气清新，有望江亭、同心树、养生湖、千米峡谷、东江飞瀑、河道漂流、钟楼、儿童娱乐城、客家围屋等主要景点。九曲度假村以生态保健为主题，以客家文化为特色，以流金岁月为理念，将自然景观与人文景观完美融合，构造出独特的文化内涵和自然魅力。自创建以来，度假村荣获"首届中国最具特色旅游度假村""中国旅业十大影响力品牌""2006 年度百姓喜爱的江西百景"等殊荣。

（2）人文景观旅游资源

① 寻乌革命烈士陵园

寻乌县革命烈士陵园，位于城西镇山路 17 号，占地面积约 5 万 m^2，总建筑面积约 1 万 m^2，是赣州市占地面积最大的一个县级烈士纪念建筑物保护单位。烈士陵园内有著名古柏烈士纪念碑和"三二五"暴动浮雕，烈士纪念馆陈列 3256 名烈士的事迹，形成馆、碑、园、林连成一体的瞻仰圣地，爱国主义教育的基地，每年接待县内和外地前来瞻仰人数 3.5 万人次。寻乌县革命烈士陵园大门坐北朝南，由省委原书记白栋材同志题词，园内有古柏烈士纪念碑、古柏烈士铜像、古柏烈士生平、"三二五"暴动浮雕等。1953 年经省民政厅批准，县人民政府于 1954 年新建成立寻乌县革命烈士纪念馆，同年新建一厅四室陈列室，建筑面积 $180m^2$，设五个展室，保存了 3256 名烈士事迹资料，其中版面展出了 45 名烈士的英雄事迹。

② 寻乌调查纪念馆

寻乌调查纪念馆是毛泽东寻乌调查纪念馆的简称，位于江西省赣州市寻乌县马蹄岗上，是国家文物保护单位。

③ 安远东生围

东生围俗称老围，位于安远县城南 20km 的镇岗乡老围村。此围建在宽阔的田地中间，东靠近镇樟公路，南距镇岗圩 0.5km，西临安定公路和镇江河，是一个交通方便，通往国家森林公园三百山的必经之地。东生围是一座集防御、防火、防水、防盗于一体的人居客家方围。东生围建于清道光年二十二年（1842 年），落成于道光二十九年（1849 年），历时 8 年，耗资巨大，为陈氏朗庭所建。此围坐东朝西，初建时为五扇大门三层楼房。同治五年（1866 年）在围的东、南、北三面各扩建一幢，和西面围屋连成一体，形成外围。大门增至七扇，正面围屋由三层楼房改建为四层楼房。随后又在围正面西门坪照墙外增建牛、猪、灰、厕所等附属设施，并增设外大门。围子和附属设施及外大门总共占地面积 $10391.60m^3$，其中围子长 94.4m，宽 73.0m，占地面积 $6891.2m^3$；门坪长 62.7m，宽 31m，占地面积 $1943.7m^3$。

④ 丰背赣粤湘边纵队驻地旧址

粤赣湘边纵队驻地旧址系土木结构民房，占地面积约 $1200m^3$，部分倒塌，已简单修缮。为弘扬先烈们的光荣革命传统，继承和发扬革命精神，定南县人民政府和岿美山镇人民政府斥资 200 多万元对古地东江第 2 支队驻地旧址的房屋、道路进行了维修和重建。如今，这里已成为爱国主义教育基地，是定南县党员领导干部和青少年革命传统教育基地，因其与布衣山谷紧密地连成一个整体，又是休闲度假和旅游的好去处。

7. 自然保护区

东江源区分布有 5 个自然保护区，见表 2.4-1。

东江源区自然保护区分布情况　　　　　表 2.4-1

序号	保护区名称	所在地	保护对象	面积（hm²）
1	项山自然保护区	寻乌县	亚热带常绿阔叶林生态系统	459
2	三百山自然保护区	安远县	亚热带常绿阔叶林生态系统	3330
3	九龙嶂自然保护区	安远县	亚热带常绿阔叶林生态系统	3616
4	蔡坊自然保护区	安远县	亚热带常绿阔叶林生态系统	11982
5	上丁自然保护区	安远县	亚热带常绿阔叶林生态系统	8145

2.5　社会经济

2.5.1　行政区域划分

东江源区位于江西省赣州市境内，含定南、寻乌、安远、龙南和会昌五县，国土总面积 3524.60km²。由于龙南县和会昌县仅包含 3 个村落，因此本次调查区域主要围绕定南、安远、寻乌三县，东江源区所属各县乡镇行政区划和国土面积见表 2.5-1。

2018 年东江源区行政区划和国土面积　　　　　表 2.5-1

行政区	乡、镇	面积（km²）
定南县	历市镇	183.26
	岿美山镇	130.83
	老城镇	84.19
	天九镇	154.66
	龙塘镇	150.25
	鹅公镇	199.81
	小计	903.00
寻乌县	长宁镇	20.10
	晨光镇	189.13
	留车镇	231.29
	南桥镇	138.15
	吉潭镇	238.49
	澄江镇	140.54
	桂竹帽镇	235.86
	文峰乡	274.98
	三标乡	202.95
	菖蒲乡	81.05

行政区	乡、镇	面积(km²)
寻乌县	龙廷乡	73.23
	项山乡	32.58
	水源乡	98.86
	丹溪乡	40.64
	小计	1997.85
安远县	孔田镇	111.54
	鹤子镇	129.58
	三百山镇	113.67
	镇岗乡	108.03
	凤山乡	94.57
	欣山镇大坝头村	38.73
	新龙乡七碛村	16.00
	高云山乡沙含村、官铺村	5.42
	小计	617.54
龙南市	文龙镇上庄村胡坑片	5.87
	南坑乡三星村田螺湖片	
会昌县	青峰村	0.4
合计		3524.60

2.5.2 人口概况

2018 年末，东江源区总人口 61.3547 万人，其中农业人口约 45.0726 万人。东江源区人口概况见表 2.5-2。

2018 年东江源区人口概况　　　　　　　　　　　　表 2.5-2

行政区	乡、镇	人口（人）	农业人口（人）	非农业人口（人）
定南县	历市镇	89139	40900	48239
	岿美山镇	13206	11864	1342
	老城镇	18186	14563	3623
	天九镇	24449	21344	3105
	龙塘镇	18044	16610	1434
	鹅公镇	35028	34528	500
	小计	198052	139809	58243

续表

行政区	乡、镇	人口 (人)	农业人口 (人)	非农业人口 (人)
寻乌县	长宁镇	55723	0	55723
	晨光镇	23335	19479	3856
	留车镇	30912	25153	5759
	南桥镇	32082	23760	8322
	吉潭镇	26543	24824	1719
	澄江镇	33352	26562	6790
	桂竹帽镇	12654	11570	1084
	文峰乡	29519	28172	1347
	三标乡	14239	11559	2680
	菖蒲乡	14594	12381	2213
	龙廷乡	6497	4059	2438
	项山乡	7799	5154	2645
	水源乡	13146	10636	2510
	丹溪乡	15202	13103	2099
	小计	315597	216412	99185
安远县	孔田镇	32852	28759	4093
	鹤仔镇	16748	15656	1092
	三百山镇	17735	17683	52
	镇岗乡	15334	15324	10
	凤山乡	12718	12717	1
	欣山镇大坝头村	0(搬迁)	0	0
	新龙乡七礤村	280	268	12
	高云山乡沙含村、官铺村	3457	3324	133
	小计	99124	93731	5393
龙南市	汶龙镇上庄村胡坑片	574	574	0
	南亨乡三星村田螺湖片	0(搬迁)	0	0
会昌县	清溪乡青峰村	200	200	0
	合计	613547	450726	162821

2.5.3 经济建设

2019 年，东江源区主要的定南、寻乌和安远三县生产总值之和为 2403084 万元，三县生产总值所占比例见图 2.5-1，三产所占比例为 20∶31∶50。定南、寻乌和安远三县经济发展概况见表 2.5-3。

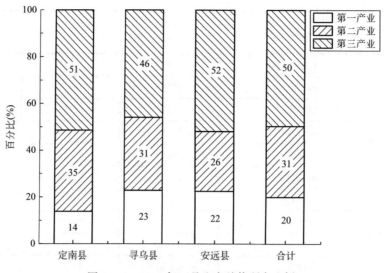

图 2.5-1 2018 年三县生产总值所占比例

2018 年三县经济发展概况表   表 2.5-3

行政区	生产总值(万元)				生产总值增长率
	第一产业	第二产业	第三产业	合计	(%)
定南县	113887	288018	423361	825266	9.3
寻乌县	221884	305227	448623	975734	8.3
安远县	197253	224547	455999	877799	7.2
合计	533024	817792	1327983	2678799	—

寻乌县 2019 年实现地区生产总值 975734 万元，比上年增长 8.3%。其中，第一产业 221884 万元，增长 3.5%；第二产业 305227 万元，增长 8.0%；第三产业 448623 万元，增长 10.8%；全年人均地区生产总值 32711 元，比上年增长 8.5%。三次产业结构为 22.7%：31.3%：46.0%。全年财政总收入 97000 万元，比上年增长 6.6%，其中，一般公共预算收入 57855 万元，比上年增加 716 万元，增长 1.3%。全年城镇居民人均可支配收入 28493 元，比上年增长 8.6%；农村居民人均可支配收入 11872 元，比上年增长 12.0%。

安远县 2019 年实现地区生产总值 877799 万元，按可比价计算，增长 7.2%。其中，第一产业 197253 万元，增长 3.4%；第二产业 224547 万元，增长 7.7%；第三产业 455999 万元，增长 8.6%；全县人均生产总值 24896 元。三次产业结构为 22.47：25.58：51.95。全年实现财政总收入 99187 万元，同比增长 7.0%，其中公共财政收入 61180 万元，同比增长 6.1%。全年城镇居民人均可支配收入为 26920 元，同比增长 7.2%；农村居民人均可支配收入为 11381 元，同比增长 10.0%。

定南县 2019 年实现地区生产总值 825266 万元，按可比价格计算（下同）同比增长 9.3%。其中，第一产业 113887 万元，同比增长 3.3%；第二产业 288018 万元，同比增长 7.9%；第三产业 423361 万元，同比增长 13.4%；全县人均生产总值 37113 元。三次产业结构为 13.8∶34.9∶51.3。县财政总收入 123099 万元，同比增长 3.8％；一般公共预算收入 86352 万元，同比增长 4.0％。全年城镇居民人均可支配收入 30896 元，增长 7.55％；农村居民人均可支配收入 10892 元，比上年增长 12.26％。

2.5.4 文化教育

2019 年，安远县共有各类学校 192 所，专任教师 6270 人。在校学生 73188 人，其中小学在校学生 37500 人，初中在校学生 17698 人，高中在校学生 11926 人。全县有毕业生 17849 人，其中小学毕业生 6631 人，初中毕业生 5213 人，高中毕业生 3762 人。全县公办幼儿园 22 所，在园幼儿 5824 人；特教学校 1 所，在校学生 240 人。

寻乌县共有中等职业教育在校生 922 人，普通高中在校生 8192 人，初中在校生 12897 人；普通小学在校生 24662 人；特殊教育在校生 31 人，学前教育在园幼儿 14673 人，比上年增加 3211 人。中小学专任教师 3171 人，幼儿园教师 838 人。小学、初中入学率均为 100％，学生三年毛入学率为 88％。

定南县共有普通中学专任教师 831 人，小学专任教师 1240 人，比上年增加 89 人。小学生在校学生数 22328 人，普通中学在校学生数 13389 人。其中，初中在校学生数 9146 人，高中在校学生数 4243 人。

2.5.5 卫生事业

据 2019 年统计，安远县共有各类卫生机构 30 个（不含村级卫生所）。其中，大型医院 5 所，中心卫生院 4 所，乡镇卫生院 14 所，妇女儿童医院、口腔病防治所、皮肤病防治所、疾病预防控制中心、康定医院、计划生育服务站、医学在职培训机构各 1 所。卫生技术人员 763 人，其中，执业医师和执业（助理）医师 348 人，注册护士 261 人，药师人员 66 人，检验人员 35 人，其他技术人员 53 人。卫生机构床位 2203 张。

寻乌县共有医疗卫生机构 333 个，其中，二级综合医院、二级中医院、妇幼保健计划生育服务中心、皮肤病防治所（皮肤病医院）、疾病预防控制中心、卫生计生综合监督执法局各 1 个，乡镇卫生院 16 个，民营医院 2 个，社区卫生服务中心（站）6 个，门诊部 1 个，个体诊所 36 个，村卫生室 262 个，医务室 4 个。卫生技术人员 1130 人，其中，执业医师和执业助理医师 358 人，注册护士 475 人。医疗卫生机构床位 1199 张，其中，县级公立医院 608 张，乡镇卫生院 417 张，民营医院 99 张，社区卫生服务中心 75 张。

定南县共有卫生机构 258 个。其中，医院 7 个，卫生院 13 个，村卫生室 136 个，诊所、卫生所、医务室 94 个，疾病预防控制中心 1 个，专科疾病防治院（所、站）1 个，妇幼保健院（所、站）1 个。卫生技术人员 1429 人，其中，执业医师和执业（助理）医师 580 人，注册护士 625 人。卫生机构床位 1186 张。

第 3 章
东江源流域资源

3.1 调查方法

3.1.1 遥感技术方法

东江源区水系纵横，山高林密，传统依靠人工的野外设立采样点以勘察了解水生态的地理环境及总体分布的方法费时费力。近些年，以遥感为代表的空间信息技术得到飞速发展，尤其是高空间分辨率遥感，已形成无人机、航空飞机及卫星的空—地立体监测平台。高空间分辨率影像能够更加清楚地表达地物目标的空间结构与表层纹理特征，可以分辨出地物内部更为精细的组成，能够一定程度上识别水体及水生生物及周边生物的生长环境，可以借助于遥感技术对源区样点进行布设以及对一些典型成片分布的浮游植物、水生维管束植物等进行面积统计。

采用遥感技术方法，可以通过长时序历史存档的遥感数据，提取东江源区大范围的地表环境信息，如植被覆盖、荒漠化、土壤侵蚀等生态参数和综合生态指标，并分析其时空演变对源区水环境的影响，结合现场调查数据，从宏观和微观两个层面可以更深入分析源区水环境演变机制，为水环境治理提供更充足的数据支撑。

3.1.2 水生物调查方法

浮游生物调查：浮游生物样品的采集使用13号和25号浮游生物网进行。将采集到的浮游植物样品加入鲁哥试剂、浮游动物样品加入甲醛保存，并带回实验室鉴定。

鱼类及渔获物的调查：由于东江源实施禁渔期（《江西省人民政府办公厅关于加强全省水生生物保护工作的实施意见》赣府厅〔2019〕14号），鱼类标本的调查以现场采集（通过购买当地居民垂钓的渔获物）为主，走访渔民与菜市场调查为辅。走访渔民与菜市场调查主要用于弥补缺失的种类、了解当地鱼类物种多样性构成等。调查到的捕捞方式主要为垂钓和电捕。

每次采集后，对鱼类样品进行种类鉴定及测量全长、体重，并对部分标本进行拍照标记。对在野外现场难以确定的种类，挑选几尾形态特征较为完整的个体带回实验室，并用100%酒精或10%甲醛溶液浸泡保存。物种鉴定主要参考《中国动物志》《中国淡水鱼类检索》和《珠江鱼类志》。

底栖动物的采集：采用定量采集，在各监测断面，每个样点重复采集2次。采集工具为面积30cm×30cm的索伯网。采集的底栖动物样品，用40目纱网过滤，固定后带回实验室置于白瓷盘中分拣。所采集的标本按所采集的地点使用塑料瓶加酒精分装，并放入标签。

水生植物调查：水生植物并非分类学概念，它是生态学范畴的类群界定。本次调查水生植物包含：湿生植物、挺水植物、浮叶植物、漂浮植物、沉水植物。调查方法：采用群落生态学样方调查方法，样方面积1m×1m，记录群落数量特征，包括群落物种组成、盖度、多度等。

3.1.3 空间定位技术

可以采用GPS或北斗定位装置精准定位采用点位置以及各种水生生物种群的空间位

置与分布,从而为东江源区水生生物的空间分布制图提供基础数据。

3.1.4　查阅资料与调查走访

本次调查参照《内陆水域自然资源调查手册》和《内陆水域渔业资源调查技术规范》设计调查内容,结合源区水域的高空间分辨率遥感影像,走访当地居民及渔民,以"非诱导"方式进行调查,查阅当地统计资料,确定采样点及调查的对象,而后由专家凭经验和资料对访问物种进行鉴定。

3.2　流域资源调查

3.2.1　浮游植物

1. 浮游植物种类组成

本次东江源区共调查到浮游植物 8 门 143 属 268 种,其中蓝藻门 28 属 46 种,绿藻门 60 属 126 种,硅藻门 32 属 63 种,裸藻门 7 属 9 种,金藻门 9 属 11 种,甲藻门 4 属 6 种,黄藻门 1 属 1 种,隐藻门 2 属 6 种。

寻乌水调查到浮游植物 7 门 131 属 231 种,其中蓝藻门 24 属 36 种,绿藻门 53 属 103 种,硅藻门 32 属 61 种,裸藻门 7 属 8 种,金藻门 9 属 11 种,甲藻门 4 属 5 种,隐藻门 2 属 2 种。定南水调查到浮游植物 8 门 115 属 216 种,其中蓝藻门 22 属 35 种,绿藻门 46 属 104 种,硅藻门 24 属 46 种,裸藻门 5 属 6 种,金藻门 6 属 7 种,甲藻门 9 属 11 种,黄藻门 1 属 1 种,隐藻门 2 属 6 种。

本次东江源冬春季共调查到浮游植物 8 门 96 属 139 种。其中,以绿藻门种类数最多,为 49 种,占 35.3%;硅藻门次之,为 44 种,占 31.7%;蓝藻门 22 种,占 15.8%;裸藻门 6 种,占 4.3%;隐藻门 5 种,占 3.6%;甲藻门 4 种,占 2.9%;金藻门 8 种,占 5.8%;黄藻门 1 种,占 0.7%。寻乌水冬春季共调查到浮游植物 115 种,其中蓝藻门 15 种、绿藻门 37 种、硅藻门 41 种、裸藻门 5 种、金藻门 7 种、甲藻门 4 种、黄藻门 1 种、隐藻门 5 种。定南水冬春季调查到浮游植物 100 种,其中蓝藻门 18 种、绿藻门 38 种、硅藻门 29 种、裸藻门 3 种、金藻门 5 种、甲藻门 4 种、隐藻门 3 种。

本次东江源夏秋季共调查到浮游植物 8 门 123 属 219 种,其中绿藻门种类数最多,为 108 种,占 49.3%;硅藻门 53 种,占 24.2%;蓝藻门 36 种,占 16.4%;甲藻门 8 种,占 3.7%;隐藻门 7 种,占 3.2%;裸藻门 5 种,占 2.3%;金藻门和黄藻门各 1 种,各占 0.5%。寻乌水夏秋季共调查到浮游植物 192 种,其中蓝藻门 31 种、绿藻门 86 种、硅藻门 50 种、裸藻门 7 种、金藻门 8 种、甲藻门 4 种、隐藻门 6 种。定南水夏秋季共调查到浮游植物 175 种,其中蓝藻门 26 种、绿藻门 88 种、硅藻门 38 种、裸藻门 5 种、金藻门 7 种、甲藻门 4 种、黄藻门 1 种、隐藻门 6 种。

从浮游植物种类组成来看,冬春季东江源浮游植物种类数要低于夏秋季。主要原因是冬春季水温较低,浮游植物生长速率较慢,因此在调查过程中相同取样条件下冬春季浮游植物种类数要低于夏秋季。

2. 浮游植物优势种

东江源冬春季浮游植物优势种主要为细鞘丝藻（*Leptolyngbya* sp.）、鞘丝藻（*Lyngbya* sp.）、假鱼腥藻（*Pseudanabaena* sp.）、颤藻（*Oscillatoria* sp.）、颗粒直链藻（*Melosira granulata*）、小环藻（*Cyclotella* sp.），其中寻乌水冬春季浮游植物优势种主要为细鞘丝藻、颤藻、鞘丝藻、假鱼腥藻、舟形藻（*Navicula* sp.）、颗粒直链藻；定南水冬春季浮游植物优势种主要为细鞘丝藻、鞘丝藻、假鱼腥藻、小环藻、颗粒直链藻。

东江源夏秋季浮游植物优势种主要为平裂藻（*Merismopedia* sp.）、微囊藻（*Microcystis* sp.）、细鞘丝藻、隐球藻（*Aphanocapsa* sp.）、隐藻（*Cryptomonas* sp.）、拟柱孢藻（*Cylinderspermopsis* sp.），其中寻乌水夏秋季浮游植物优势种主要为平裂藻、微囊藻、细鞘丝藻、针杆藻（*Synedra* sp.）、异极藻（*Gomphonema* sp.）、紧密长孢藻（*Dolichospermum compacta*）；定南水夏秋季浮游植物优势种主要为微囊藻、平裂藻、隐藻、拟柱孢藻。

3. 浮游植物丰度

东江源浮游植物丰度情况见图 3.2-1，东江源冬春季浮游植物丰度均值为 7.9×10^5 cells/L，变化范围为 $7.1 \times 10^4 \sim 3.4 \times 10^6$ cells/L；东江源夏秋季浮游植物丰度均值为 2.8×10^6 cells/L，变化范围为 $5.7 \times 10^5 \sim 9.6 \times 10^6$ cells/L。

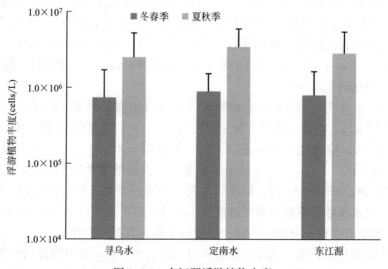

图 3.2-1　东江源浮游植物丰度

寻乌水冬春季浮游植物丰度均值为 7.4×10^5 cells/L，变化范围为 $7.1 \times 10^4 \sim 3.4 \times 10^6$ cells/L；寻乌水夏秋季浮游植物丰度均值为 2.5×10^6 cells/L，变化范围为 $5.7 \times 10^5 \sim 9.6 \times 10^6$ cells/L。定南水冬春季浮游植物丰度均值为 8.9×10^5 cells/L，变化范围为 $2.5 \times 10^5 \sim 2.0 \times 10^6$ cells/L；定南水夏秋季浮游植物丰度均值为 3.4×10^5 cells/L，变化范围为 $1.3 \times 10^6 \sim 8 \times 10^6$ cells/L。

从浮游植物丰度均值情况来看，东江源冬春季丰度均值要低于夏秋季，寻乌水和定南水也表现出相同的特征，这与春、夏秋季水温的变异情况是一致的。夏秋季水温远高于冬春季，且夏秋季光照充足，浮游植物接收的太阳光能量更大，因此夏秋季浮游植物生长繁殖速率远大于冬春季,从而导致夏秋季浮游植物丰度高于冬春季。

从东江源冬春季和夏秋季的浮游植物丰度变化范围来看,东江源无论是冬春季还是夏秋季,浮游植物的丰度都不是很高,冬春季基本在 $1×10^6$ cells/L 以内,夏秋季基本在 $1×10^7$ cells/L 以内,浮游植物丰度值处于相对安全的范围之内。

4. 浮游植物生物量

东江源冬春季浮游植物生物量情况见图 3.2-2,东江源冬春季浮游植物生物量均值为 0.35mg/L,变化范围为 0.06～3.00mg/L;东江源夏秋季浮游植物生物量均值为 0.83mg/L,变化范围为 0.19～2.12mg/L。寻乌水冬春季浮游植物生物量均值为 0.44mg/L,变化范围为 0.06～3.04mg/L;寻乌水夏秋季浮游植物生物量均值为 0.79mg/L,变化范围为 0.21～2.12mg/L。定南水冬春季浮游植物生物量均值为 0.20mg/L,变化范围为 0.11～0.29mg/L;定南水夏秋季浮游植物生物量均值为 0.89mg/L,变化范围为 0.19～1.87mg/L。

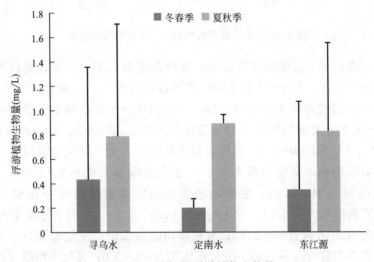

图 3.2-2 东江源浮游植物生物量

从东江源浮游植物生物量均值情况来看,冬春季浮游植物生物量均值都要小于夏秋季,这与浮游植物丰度的规律是一致的,夏秋季温度和光照强度均高于冬春季的条件下,浮游植物生长繁殖速率以及现存量均要高于冬春季。但与丰度均值的情况有所不同的是,寻乌水冬春季和夏秋季生物量均值的变化范围较大,标准差甚至大于均值,表明寻乌水各个点位的水环境特征具有较大的异质性。相比寻乌水而言,定南水浮游植物生物量变化范围较小,表明定南水各个点位的水环境特征较为类似。

总体来看,无论是寻乌水还是定南水,浮游植物生物量值均很低,冬春季和夏秋季浮游植物数量均在 2mg/L 以下,这主要与河流的水文特性有关,通常河流水流速度较快,浮游植物随时处在流动的水体中,营养盐和光照能量的吸收均受到一定限制,难以达到较高的生物量。

5. 浮游植物多样性指数

东江源浮游植物多样性指数情况如图 3.2-3 所示,多样性指数包括物种属(S)、物种丰富度(d)、均匀度指数(J)、香农-维纳指数(H)和辛普森指数(D)。

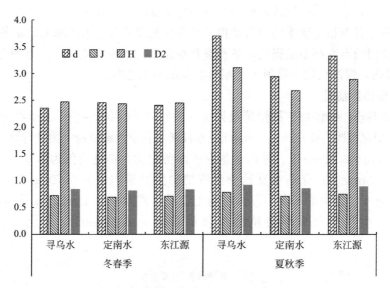

图 3.2-3 东江源浮游植物多样性指数均值情况

寻乌水冬春季物种丰富度均值为 2.35，变化范围为 1.25～2.93；夏秋季均值为 3.7，变化范围为 2.55～4.6。寻乌水冬春季均匀度指数均值为 0.72，变化范围为 0.53～0.89；夏季均值为 0.78，变化范围为 0.68～0.88。寻乌水冬春季香农-维纳指数均值为 2.47，变化范围为 1.9～2.99；夏季均值为 3.13，变化范围为 2.72～3.5。寻乌水冬春季辛普森指数均值为 0.84，变化范围为 0.66～0.92；夏季均值为 0.92，变化范围为 0.88～0.96。

定南水冬春季物种丰富度均值为 2.46，变化范围为 1.85～2.69 之间；夏季均值为 2.95，变化范围为 2.34～3.91。定南水冬春季均匀度指数均值为 0.69，变化范围为 0.58～0.76；夏秋季均值为 0.71，变化范围为 0.59～0.78。定南水冬春季香农-维纳指数均值为 2.43，变化范围为 2.03～2.73；夏秋季均值为 2.68，变化范围为 2.15～3.04。定南水冬春季辛普森指数均值为 0.82，变化范围为 0.69～0.9；夏秋季均值为 0.86，变化范围为 0.73～0.91。

从各个多样性指数的值来看，寻乌水和定南水的各个多样性指数在每个季节内变异幅度较小，但冬春季与夏秋季之间的变异幅度较大。冬春季寻乌水和定南水的多样性指数值均小于夏秋季，表明夏秋季充沛的水量和光照对浮游植物的多样性具有一定的促进作用，这个结果与前述浮游植物种类和丰度的变化情况是一致的。

夏秋季寻乌水的浮游植物香农-维纳指数均值为 3.13，变化范围为 2.72～3.5，根据其多样性指数可知，寻乌水的水质处于较好状态。定南水夏秋季香农-维纳指数均值为 2.68，变化范围为 2.15～3.04。相比寻乌水而言，定南水浮游植物多样性要低，表明水质状态可能要逊于寻乌水。

均匀度指数反映了各物种个体数目分配的均匀程度，寻乌水和定南水的均匀度指数均较高，表明 2 条河流的浮游植物种类分布较为均匀，未出现占绝对优势的浮游植物。通常情况下，物种均匀度的高低与物种多样性的大小往往是成正比的，侧面反映出寻乌水和定南水浮游植物的多样性较高。

根据各个浮游植物多样性指数情况综合判断，东江源冬春季水生态环境较好的点位有

DJ1 号、DJ6 号、DJ9 号、DJ11 号、DJ12 号，寻乌水冬春季水生态环境较好的点位有 DJ1
号、DJ6 号、DJ9 号，定南水冬春季水生态环境较好的点位有 DJ11 号、DJ12 号。东江源
夏秋季水生态环境较好的点位有 DJ5 号、DJ6 号、DJ8 号、DJ9 号、DJ11 号、DJ12 号，
寻乌水夏秋季水生态环境较好的点位有 DJ5 号、DJ6 号、DJ8 号、DJ9 号，定南水夏秋季
水生态环境较好的点位有 DJ11 号、DJ12 号。综合两次浮游植物多样性指数情况，DJ1
号、DJ6 号、DJ9 号、DJ11 号、DJ12 号是东江源水生态环境较好的点位。

根据多样性指数情况，寻乌水冬春季水生态环境相对较差的点位有 DJ5 号，定南水冬
春季相对较差的点位为 DJ13 号、DJ14 号。寻乌水夏秋季环境相对较差的点位有 DJ3 号，
定南水夏秋季相对较差的点位为 DJ13 号、DJ14 号。综合两次多样性指数情况表明，东江
源水环境相对较差的点位是 DJ3 号、DJ5 号、DJ13 号、DJ14 号。

3.2.2 浮游动物

1. 种类及群落组成

本次在东江源区共调查到浮游动物 75 种，其中以轮虫种类最多，为 32 种，占
42.6%；原生动物 20 种，占 26.7%；枝角类 14 种，占 18.7%；桡足类 9 种，占 12.0%。

东江源冬春季浮游动物共调查到 42 种，其中轮虫 16 种，占 38.1%；原生动物 11 种，
占 26.2%；桡足类 8 种，占 19.0%；枝角类 7 种，占 16.7%。寻乌水浮游动物共调查到 37
种，其中原生动物 10 种、轮虫 13 种、枝角类 6 种、桡足类 8 种；定南水浮游动物共调查
到 19 种，其中原生动物 2 种、轮虫 6 种、枝角类 4 种、桡足类 7 种。冬春季浮游动物优
势种类为剑水蚤桡足幼体（*Cyclopoidea Copepodite*）、矩形尖额溞（*Alona rectangular*）。

东江源夏秋季浮游动物共调查到 59 种，其中轮虫 29 种，占 49.1%；原生动物 17 种，
占 28.8%；枝角类 7 种，占 11.9%；桡足类 6 种，占 10.2%。寻乌水浮游动物共调查到
39 种，其中原生动物 8 种、轮虫 24 种、枝角类 2 种、桡足类 5 种；定南水浮游动物共调
查到 44 种，其中原生动物 15 种、轮虫 17 种、枝角类 7 种、桡足类 5 种。夏秋季浮游动
物优势种类为剑水蚤桡足幼体（*Cyclopoidea Copepodite*）、暗小异尾轮虫（*Trichocerca
pusilla*）、砂壳虫（*Difflugia sp.*）、广布多肢轮虫（*Polyarthra vulgaris*）。

整体上来看，冬春季东江源浮游动物物种数量要小于夏秋季，冬春季寻乌水和定南水
的浮游动物物种数量也要小于夏秋季。主要原因可能是冬春季节水温较低，光照太弱，不
利于浮游动物生长繁殖，而夏秋季节水温较高，浮游动物生长繁殖较快，从而使得冬春季
浮游动物物种数量要小于夏秋季。在相同季节下，浮游动物组成中轮虫占比最高，冬春季
东江源占比为 38.1%，寻乌水占比为 35.1%，定南水占比为 31.5%；夏秋季东江源占比
为 49.2%，寻乌水占比为 61.5%，定南水占比为 38.6%。

如图 3.2-4 所示，通过对各点位冬春季和夏秋季浮游动物物种数量分析发现，除了
DJ10 号点夏秋季节浮游动物物种数量小于冬春季，其余点位夏秋季节浮游动物物种数量
均大于或等于冬春季。各点位浮游动物物种数量相差较大，其中冬春季 DJ10 号点浮游动
物种类最多，物种数量为 22；夏秋季 DJ14 号、DJ7 号、DJ10 号点位浮游动物种类相对较
多，物种数量分别为 18、16、16。

2. 浮游动物密度分布

本次调查发现，东江源浮游动物密度均值为 434.5ind/L，变化范围为 0.0～5483.3ind/L。

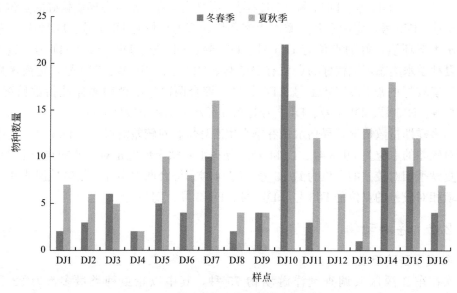

图 3.2-4 东江源各点位浮游动物物种数量

如表 3.2-1 所示冬春季节，东江源浮游动物密度均值为 388.3ind/L，变化范围为 0.0～5483.3ind/L，其中寻乌水浮游动物密度均值为 581.8ind/L，变化范围为 3.0～5483.3ind/L，定南水浮游动物密度均值为 65.9ind/L 变化范围为 0.0～271.1ind/L；夏秋季节，东江源浮游动物密度均值为 480.6ind/L，变化范围为 15.4～4232.1ind/L，其中寻乌水浮游动物密度均值为 543.5ind/L，变化范围为 15.4～4232.1ind/L，定南水浮游动物密度均值为 375.9ind/L，变化范围为 135.2～795.2ind/L。

东江源浮游动物密度（均值）分布（单位：ind/L）　　　　　　　　　　表 3.2-1

类型	冬春季			夏秋季		
	寻乌水	定南水	东江源	寻乌水	定南水	东江源
原生动物	333.0	17.5	214.7	163.5	162.5	163.1
轮虫	244.5	47.5	170.6	375.0	175.0	300.0
枝角类	0.2	0.1	0.2	0.1	5.6	2.2
桡足类	4.1	0.8	2.8	4.9	32.8	15.3
浮游动物	581.8	65.9	388.3	543.5	375.9	480.6

整体上看，东江源冬春季浮游动物密度均值低于夏秋季，定南水也表现出相同的特征，这与前面浮游动物物种数量特征变化一致，主要原因可能是夏秋季水温较高，光照充足，浮游动物生长繁殖速率较快，从而使得夏秋季浮游动物密度高于冬春季。在冬春季，东江源和寻乌水原生动物密度占比最高，分别为 55.3%、57.2%，而定南水则轮虫密度占比最高为 72.1%；在夏秋季，东江源、寻乌水和定南水轮虫密度占比均最高，分别为 62.4%、69.00%、46.6%。

通过对各点位冬春季和夏秋季浮游动物密度分析比较发现（图 3.2-5），除了 DJ3 号点、DJ9 号点、DJ10 号点位夏秋季节浮游动物密度低于冬春季，其余点位夏秋季节浮游动物密度均高于冬春季。各点位浮游动物密度相差较大，其中，冬春季 DJ10 号点浮游动物密度最高为 5483.3ind/L，轮虫和原生动物占比达 99％以上；DJ4 号、DJ12 号、DJ13 号点位密度较低，均小于 1.0ind/L；夏秋季 DJ10 号点浮游动物密度最高为 4232.1ind/L，其中轮虫和原生动物占比达 98％以上；其余点位中 DJ14 号点、DJ13 号、DJ15 号点位浮游动物密度相对较高，分别为 795.2ind/L、498.7ind/L、451.9ind/L；DJ9 号点位密度最低为 15.4ind/L。

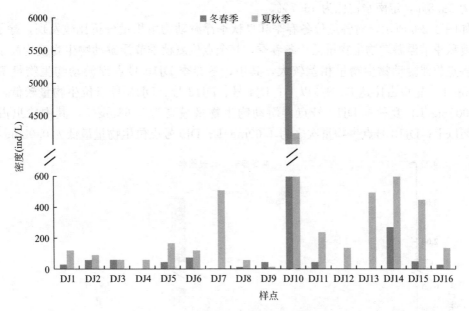

图 3.2-5　东江源各点位浮游动物密度

3. 浮游动物生物量

本次调查发现，东江源浮游动物生物量均值为 0.35mg/L，变化范围为 0.00～3.68mg/L。如表 3.2-2 所示，冬春季节，东江源浮游动物生物量均值为 0.23mg/L，变化范围为 0.00～3.14mg/L，其中寻乌水浮游动物生物量均值为 0.33mg/L，变化范围为 0.00～3.14mg/L，定南水浮游动物生物量均值为 0.07mg/L，变化范围为 0.00～0.23mg/L；夏秋季节，东江源浮游动物生物量均值为 0.47mg/L，变化范围为 0.02～3.68mg/L，其中寻乌水浮游动物生物量均值为 0.48mg/L，变化范围为 0.02～3.68mg/L，定南水浮游动物生物量均值为 0.45mg/L，变化范围为 0.09～1.60mg/L。

东江源浮游动物生物量（均值）（单位：mg/L）　　　　　　　　　　表 3.2-2

类型	冬春季			夏秋季		
	寻乌水	定南水	东江源	寻乌水	定南水	东江源
原生动物	0.02	0.00	0.01	0.01	0.01	0.01
轮虫	0.29	0.06	0.21	0.45	0.21	0.36
枝角类	0.00	0.00	0.00	0.00	0.11	0.04
桡足类	0.02	0.01	0.01	0.02	0.12	0.06
浮游动物	0.33	0.07	0.23	0.48	0.45	0.47

整体上看，东江源冬春季浮游动物生物量均值低于夏秋季，寻乌水和定南水也表现出相同的特征，这与浮游动物物种数量特征和密度分布变化是一致的，由于夏秋季水温较高，光照充足，浮游动物生长繁殖速率较快，种类、密度均高于冬春季，从而使得浮游动物生物量也相应较高。

在相同季节下，浮游动物中轮虫生物量占比最高，冬春季东江源占比为91.3%，其中寻乌水占比为87.9%，定南水占比为85.7%；夏秋季东江源占比为76.6%，其中寻乌水占比为93.8%，定南水占比为46.7%。

如图3.2-6所示，对各点位冬春季和夏秋季浮游动物生物量分析比较发现，除了DJ9号点夏秋季节浮游动物生物量低于冬春季，其余点位夏秋季节浮游动物生物量均高于冬春季。各点位浮游动物生物量相差较大，其中，冬春季DJ10号点浮游动物生物量最高为3.14mg/L，轮虫占比达88.8%以上；DJ4号、DJ12号、DJ13号点位生物量较低，均小于0.005mg/L；夏秋季DJ10号点浮游动物生物量最高为3.68mg/L，其中轮虫占比达93.8%以上；DJ13号点生物量次之为1.60mg/L；DJ9号点位生物量最低为0.02mg/L。

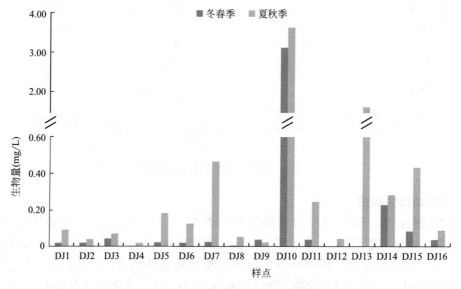

图3.2-6　东江源各点位浮游动物生物量

4. 多样性指数分析

对东江源浮游动物香农-维纳指数（多样性指数）进行分析：东江源浮游动物香农-维纳指数均值为1.24，变化范围为0.00~2.38。冬春季节，东江源香农-维纳指数均值为0.91，变化范围为0.07~1.86，其中寻乌水浮游动物香农-维纳指数均值为1.10，变化范围为0.07~1.86，定南水浮游动物香农-维纳指数均值为0.59，变化范围为0.00~1.81；夏秋季节，东江源浮游动物香农-维纳指数均值为1.58，变化范围为0.15~2.38，其中寻乌水浮游动物香农-维纳指数均值为1.45，变化范围为0.15~2.38，定南水浮游动物香农-维纳指数均值为1.79，变化范围为1.17~2.36。

整体上看，东江源冬春季浮游动物多样性指数均值低于夏秋季，寻乌水和定南水也表现出相同的特征，这与浮游动物物种数量特征、密度分布和生物量变化是一致的，表明夏秋季水量、水温及光照对浮游动物多样性的增加有一定的促进作用。

如图 3.2-7 所示，对各点位冬春季和夏秋季浮游动物多样性指数分析发现，除了 DJ3 号、DJ4 号、DJ9 号、DJ10 号点位夏秋季节浮游动物多样性指数低于冬春季，其余点位夏秋季节浮游动物多样性指数均高于冬春季。各点位浮游动物多样性指数相差较大，其中，冬春季 DJ7 号、DJ14 号、DJ10 号点位浮游动物多样性指数较高，分别为 1.86、1.81、1.61；DJ8 号、DJ12 号、DJ13 号、DJ16 号点位多样性指数较低，均小于 0.1；夏秋季 DJ7 号、DJ14 号、DJ11 号、DJ6 号点位浮游动物多样性指数较高，分别为 2.38、2.36、2.34、2.08；DJ9 号、DJ4 号点位多样性指数较低，分别为 0.15、0.56。

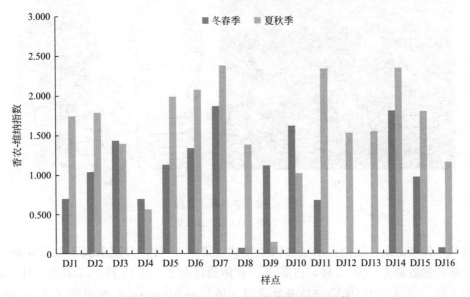

图 3.2-7　东江源各点位浮游动物多样性指数

根据各点位浮游动物多样性指数情况可知，冬春季节，东江源水生态环境较好的点位有 DJ7 号、DJ10 号、DJ14 号，其中寻乌水生态环境较好的点位有 DJ7 号、DJ10 号，定南水生态环境较好的点位有 DJ14 号；夏秋季节，东江源水生态环境较好的点位有 DJ6 号、DJ7 号、DJ11 号、DJ14 号，其中寻乌水生态环境较好的点位有 DJ6 号、DJ7 号，定南水生态环境较好的点位有 DJ11 号、DJ14 号。综合春夏浮游植物多样性指数情况，DJ6 号、DJ7 号、DJ10 号、DJ11 号、DJ14 号是东江源水生态环境较好点位。

同样的，冬春季节，东江源水生态环境较差的点位有 DJ8 号、DJ12 号、DJ13 号、DJ16 号，寻乌水生态环境较差的点位为 DJ8 号，定南水生态环境较差的点位有 DJ12 号、DJ13 号、DJ16 号；夏秋季节，东江源水生态环境较差的点位有 DJ4 号、DJ9 号，寻乌水生态环境较差的点位有 DJ4 号、DJ9 号。综合春夏浮游植物多样性指数情况，DJ8 号、DJ9 号、DJ12 号、DJ13 号、DJ16 号是东江源水生态环境较差的点位。

3.2.3　底栖动物

1. 种类及群落组成

本次调查，东江源区共采集到底栖动物 55 种，分别隶属于 3 门 6 纲 24 科，其中节肢动物数 31 种，占 56%，软体动物次之，共 17 种，占 31%，环节动物 7 种，占 13%。

东江源冬春季调查结果：被调查水域底栖动物共采集到 37 种，分别隶属于 3 门 6 纲 22 科，其中节肢动物种类数最多，为 23 种，占 62%，软体动物次之，共 8 种，占 22%，环节动物 6 种，占 16%。（图 3.2-8）。优势种是霍夫水丝蚓（*Limnodrilushoffmeisteri*）和河蚬（*Corbicula fluminea*）。其中寻乌水共鉴定出浮游植物 28 种，其中节肢动物数 17 种，软体动物 7 种，环节动物 4 种。定南水鉴定出浮游植物 20 种，中节肢动物数 13 种，软体动物 2 种，环节动物 5 种。

(a)　　　　　　　　　　　　　　　(b)

图 3.2-8　冬春季优势种

（a）河蚬；（b）霍夫水丝蚓

夏秋季调查结果：被调查水域底栖动物共采集到 35 种，分别隶属于 3 门 6 纲 22 科，其中节肢动物数最多，为 19 种，占 54%。软体动物次之，共 13 种，占 37%，环节动物 3 种，占 9%。（图 3.2-9）优势种是多足摇蚊（*Polypedilum* sp.）和河蚬（*Corbicula fluminea*）。其中寻乌水夏秋季共鉴定出浮游植物 22 种，其中节肢动物数 12 种，软体动物 6 种，环节动物 4 种。定南水夏秋季鉴定出浮游植物 31 种，中节肢动物数 16 种，软体动物 13 种，环节动物 2 种。

(a)　　　　　　　　　　　　　　　(b)

图 3.2-9　夏秋季优势种

（a）河蚬；（b）多足摇蚊

从底栖动物种类组成来看，东江源底栖动物种类数冬春季与夏秋季差别不大，相对稳定，符合底栖动物区域性强、迁移能力弱的特点。但优势种发生明显变化，冬春季优势种霍夫水丝蚓在夏秋季几乎没有，受温度影响大，而夏秋季的高温为多足摇蚊提供良好的孵化环境，使之成为夏秋季的优势种。

2. 底栖动物密度

如图 3.2-10 所示东江源冬春季调查水域底栖动物密度均值为 47ind/m²，密度范围为 3～163ind/m²；夏秋季调查水域底栖动物密度均值为 96ind/m²，密度范围为 3～367ind/m²。寻乌水冬春季调查水域底栖动物密度均值为 45ind/m²，密度范围为 3～43ind/m²；夏秋季调查水域底栖动物密度均值为 53ind/m²，密度范围为 3～132ind/m²。定南水冬春季调查水域底栖动物密度均值为 49ind/m²，密度范围为 10～163ind/m²；夏秋季调查水域底栖动物密度均值为 173ind/m²，密度范围为 40～367ind/m²。

从底栖动物密度组成来看，东江源底栖动密度夏秋季明显高于冬春季，寻乌水和定南水也表现出相同的特征。夏秋季水温远高于冬春季，利于底栖动物繁殖生长，且夏秋季光照充足利于浮游植物光合作用，底栖动物食物更为充足，因此夏秋季底栖动物生长繁殖速率远大于冬春季，从而导致夏秋季密度高于冬春季。

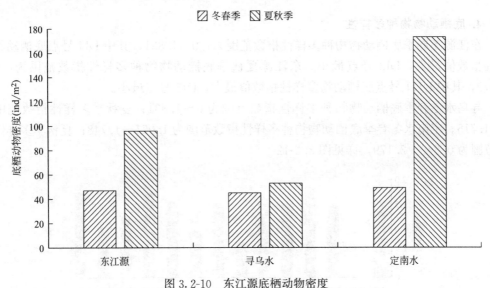

图 3.2-10 东江源底栖动物密度

3. 底栖动物生物量

如图 3.2-11 所示，东江源冬春季底栖动物生物量均值为 3.290g/m³，变化范围为 0.004～11.842g/m³，其中 DJ6 号点生物量最大，DJ2 号点生物量最小；东江源夏秋季底栖动物生物量均值为 5.940g/m³，变化范围为 0.015～35.499g/m³，其中 DJ16 号点生物量最大，DJ2 号点生物量最小。寻乌水冬春季底栖动物生物量均值为 4.100g/m³，变化范围为 0.003～10.069g/m³；寻乌水夏秋季底栖动物生物量均值为 1.830g/m³，变化范围为 0.111～4.928g/m³。定南水冬春季底栖动物生物量均值为 1.83g/m³，变化范围为 0.040～25.025g/m³；定南水夏秋季底栖动物生物量均值为 10.310mg/L，变化范围为 0.190～35.499g/m³。

从底栖动物生物量组成来看，东江源底栖动物生物量夏秋季明显高于冬春季，寻乌水和定南水也表现出相同的特征。夏秋季水温远高于冬春季，利于底栖动物繁殖生长，且夏秋季光照充足利于浮游植物光合作用，底栖动物食物更为充足，因此夏秋季底栖动物生长繁殖速率远大于冬春季，从而导致夏季底栖动物生物量高于冬春季。

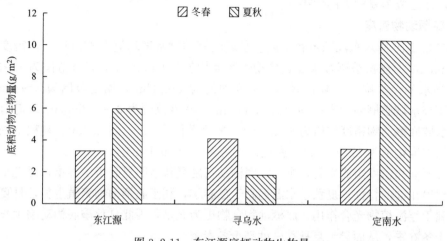

图 3.2-11　东江源底栖动物生物量

4. 底栖动物物种多样性

东江源冬春季底栖动物物种多样性指数范围为：0~1.831，其中 DJ4 号点底栖动物多样性指数值最大，DJ2 号点最小。东江源夏秋季底栖动物物种多样性指数范围为：0~2.179，其中 DJ11 号点底栖动物多样性指数值最大，DJ8 号点最小。

寻乌水冬春季底栖动物物种多样性指数范围为 0~1.831；夏秋季多样性指数范围为 0~1.715。定南水冬春季底栖动物物种多样性指数范围为 1.051~1.748；夏秋季多样性指数范围为 0.340~2.179，详见图 3.2-12。

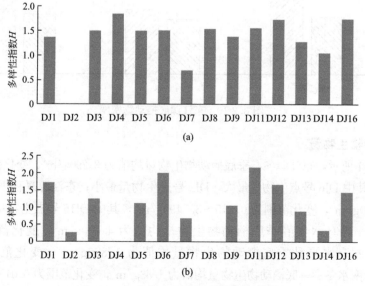

图 3.2-12　东江源冬底栖动物多样性指数
（a）冬春季；（b）夏秋季

从底栖动物物种多样性来看，东江源、寻乌水、定南水冬春季与夏秋季均变化不大，相对稳定，与底栖动物种类变化规律相一致。

3.2.4 水生植物

1. 群落结构

东江源区共调查到 42 种水生维管植物植物，隶属于 17 科 32 属，种类最多的为禾本科和蓼科，共占总种类数的 47.6%。其中优势种有水竹叶（*Murdannia triquetra*）、虉草（*Phalaris arundinacea* Linn）、水蓼（*Polygonum hydropiper* L.）、喜旱莲子草［*Alternanthera philoxeroides*（Mart.）Griseb］；沉水植物有 2 种分别为黑藻（*Hydrilla verticillata*）和菹草（*Polamogeton crispus* L.）；漂浮植物有 3 种，分别为大藻（*Pistia stratiotes* L.）、浮萍（*Lemna minor* L.）和凤眼蓝［*Eichhornia crassipes*（Mart.）Solme］。挺水植物美人蕉（*Canna indica* L.）为栽培种，原产印度。

冬春季东江源区共调查到 28 种水生植物，隶属于 15 科 23 属，最多的为蓼科，其次为禾本科。其中寻乌水有 23 种，定南水 13 种。

夏秋季东江源区共调查到 31 种水生植物，隶属于 13 科 25 属，最多的是禾本科，其次为蓼科。其中寻乌水有 26 种，定南水 17 种。

从不同水系看，不管是冬春季还是夏秋季寻乌水系植物种类要多于定南水系。

2. 科属组成

东江源区双子叶植物有 6 科 9 属 15 种，单子叶植物有 11 科 24 属 27 种，其中单子叶植物为主要物种，占总物种数的 64.3%。

3. 区系组成

水生植被一般为隐性植被，其地理分布与气候的关系没有陆生植物显著，而且分布较普遍。然而，还是有一部分水生植物呈现了气候性、地区特有性，例如，乌拉草（*Carex meyeriana*）、弓角菱（*Tra arcuata*）等主要分布于中国东北地区；还有由于水体盐度等不同而呈现一定的区域特性的水生植物如红树林，只能生长于海滩等。我国按地理区可分为东北、华北、华中、华东、西南、西北、华南七个区，根据《中国水生杂草》及《水生植物与水体生态修复》，统计出东江源区水生维管植物类群在不同地区的分布情况。

4. 外来入侵种

外来入侵物种对入侵地的生物多样性易造成严重的影响。东江源区入侵种有：凤眼蓝、空心莲子草（表 3.2-3）。在这些入侵植物中，凤眼蓝为水生，其主要零散分布于定南水河道或水库水面；空心莲子草在寻乌水和定南水，水边和陆地上均分布较广，应引起重视。

外来入侵种   表 3.2-3

编号 NO.	种名 Species	拉丁名 Latin Names	科名 Families	原产地 Geographical Origin
1	喜旱莲子草	*Alternanthera philoxeroides*（Mart.）Griseb	苋科	南美洲
2	凤眼蓝	*Eichhornia crassipes*（Mart.）Solms	雨久花科	南美洲

3.2.5 鱼类

1. 种类组成

2020 年东江源头区共采集到鱼类样品 39 种，隶属于 5 目 14 科 35 属。从调查时间分析，4 月份采集到 36 种，8 月份采集到 24 种；从不同水系分析，定南水采集到鱼类 37 种，寻乌河采集到 29 种。

东江源区鱼类按目的统计分析，鲤形目有 3 科 21 属 22 种，占总种类数的 56.4%；鲇形目有 3 科 5 属 6 种，占总数的 15.4%；鲈形目有 6 科 7 属 9 种，占总数的 23.1%；鳗鲡目和合鳃目各有 1 科 1 属 1 种，均占总数的 2.5%。按科的统计分析，鲤科鱼类的种类数最大，为 18 种，占总数的 46.2%；其次为鲿科和鳅科，分别占总数的 10.3% 和 7.7%；鮨科、鳢科和鰕虎科各有 2 种，各占总数的 5.1%（图 3.2-13）。由此可见，东江源头区鱼类组成以鲤科为优势类群，其次为鲿科和鳅科。

除齐氏罗非鱼（*Tilapia zillii*）为外来种外，其余 38 种均为土著种。

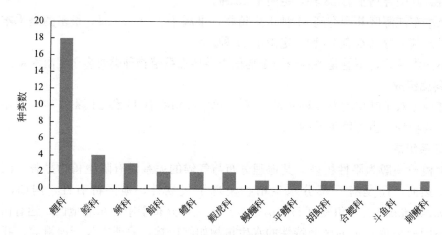

图 3.2-13 东江源头区鱼类种类数

2. 群落结构特征

（1）优势种类

根据采集到的渔获物样品分析，东江源头区的优势种鱼类主要是宽鳍鱲（*Zacco platypus*，占 25.8%）、鲫（*Carassius auratus*，占 16.1%）、马口鱼（*Opsariichthys bidens*，占 8.3%）和子陵吻鰕虎鱼（*Rhinogobius giurinus*，占 6.9%）、花鱼骨（*Hemibar busmaculatus*，占 4.6%）。其中，宽鳍鱲为渔获物样品中优势度最高的物种。

渔获物产量组成：本次调查发现，东江源头区的渔获物产量以宽鳍鱲、鲫、条纹小鲃、花鱼骨、黄颡鱼为主，其中宽鳍鱲所占渔获物重量百分比是最大的，为 34.8%；其次是鲫，为 24.3%（表 3.2-4）。马口鱼和鰕虎鱼（包括子陵吻鰕虎鱼、褐吻鰕虎鱼）虽然在数量上占有较大比例，但其重量在渔获物中所占比例相对较小。

（2）优势种鱼类的体长、体重

东江源头区优势种鱼类的体长、体重组成情况见表 3.2-5。其中，主要优势种鱼类，如宽鳍鱲的全长范围为 9.5～11.9cm，平均值为（10.8±0.9）cm；体重范围为 6.5～13.6g，

渔获物组成重量百分比　　　　　　　　表 3.2-4

种类 Species	均值(%)
宽鳍鱲 Zacco platypus	34.8
鲫 Carassius auratus	24.3
花鱼骨 Hemibarbus maculatus	8.7
条纹小鲃 Puntius semifasciolatus	7.4
黄颡鱼 Pelteobagrus fulvidraco	5.0
子陵吻鰕虎鱼 Rhinogobius giurinus	3.2
草鱼 Ctenopharyngodon idellus	3.1
马口鱼 Opsariichthys uncirostris bidens	1.9
其他	11.6

平均值为 9.2±2.1g。伍氏半餐的全长范围为 9.6～18.0cm，平均值为 14.0±3.7cm；体重范围为 4.8～30.0g，平均值为 16.2±10.3g。大型经济鱼类刺鲃的全长范围为 22.3～24.0cm，体重范围为 91.0～102.6g。

优势种鱼类的体长、体重组成　　　　　　　表 3.2-5

种类 Species	全长(cm)	体重(g)
宽鳍鱲 Zacco platypus	9.5～11.9	6.5～13.6
马口鱼 Opsariichthys uncirostris bidens	10.0～14.0	5.6～13.9
伍氏半餐 Hemiculterella wui	9.6～18.0	4.8～30.0
条纹小鲃 Puntius semifasciolatus	6.0～7.3	3.4～6.0
泥鳅 Misgurnus anguillicaudatus	10.0～15.0	3.6～15.3
大刺鳅 Mastacembelus armatus	14.3～36.0	5.2～107.6
刺鲃 Spinibarbus caldwelli	22.3～24.0	91.0～102.6
黄颡鱼 Pelteobagrus fulvidraco	9.0～12.0	7.4～15.0
花鱼骨 Hemibarbus maculatus	10.5	7.4

（3）生态类型

根据鱼类的栖息习性，可将东江源头区的 39 种鱼类分为定居型、洄游型和半洄游型 3 种生态类型。按食性划分又可分为滤食性、植食性、杂食性和肉食性 4 种。按生活的水层可分为中上层、中下层和底栖 3 种。

从生态习性来看，2020 年东江源鱼类群落以定居型鱼类为主（92%），包括宽鳍鱲、马口鱼、伍氏半餐（Hemiculterella wui）、鲫等；其次为半洄游型鱼类，主要有草鱼（Ctenopharyngodon idellus）和鳙（Aristichthys nobilis）；洄游型鱼类所占比例最低，仅日本鳗鲡（Anguilla japonica）1 种（图 3.2-14a）。从食性分析，东江源鱼类主要以杂食性和肉食性鱼类为主（图 3.2-14b）。其中的优势种类有宽鳍鱲、鲫、伍氏半餐、黄颡鱼（Pelteobagrus fulvidraco）、条纹小鲃（Puntius semifasciolatus）等。从栖息环境分析，东江源鱼类群落主要以底层鱼类为主，中下层鱼类次之（图 3.2-14c）。总体而言，底栖鱼类或中下层鱼类占东江源鱼类总数的 82%，其中杂食性和肉食性的鲤科、鲿科、鳅科鱼类居多，符合东江源区溪流水体环境相适应的鱼类组成特点之一。

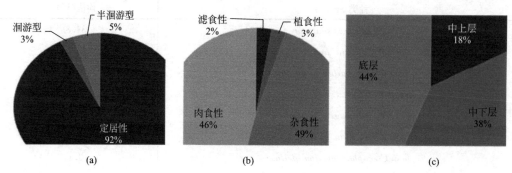

图 3.2-14　东江源鱼类生态类型

(a) 生活型；(b) 食性组成；(c) 生活水层比例

3.2.6　陆生植物资源

东江源区属于中亚热带植物区系，在本地蕨类植物中，见于古生代的莲座蕨科有福建莲座蕨；石松科有石松；紫萁科的紫萁、华南紫萁；里白科的里白、芒萁等。此外，还见于白垩纪的瘤足蕨科的瘤足蕨以及大量的蕨类植物等，都是东江源区常绿阔叶林和针叶林下的草本层主要成分，成为荒山草甸中常见的残遗蕨类植物。

裸子植物大都是中生代遗留下来的残存种类。有松科的马尾松、红豆杉科的南方红豆杉、活化石-银杏、罗汉松科的罗汉松及竹柏，三尖杉科的三尖杉和买麻藤科的小叶买麻藤。

被子植物的热带及亚带区系成分最多，如白垩纪已经发展起来的壳斗科樟科、木兰科山茶科等常绿阔叶林中占优势的成分或伴生树种。如壳斗科的栲属、青冈属、石栎属、水青冈属等均是常绿阔叶林中的亚优势树种或伴生种。樟科的润楠属、楠木属、樟属、琼楠属、厚壳桂属、新木姜属、山胡椒属、木姜子属等都是常绿阔叶林中的主要成分或伴生种，成为林下或林缘的灌木。木兰科也是常绿阔叶林中常见的伴生树种，如木莲属、含笑属、木兰属。番荔枝科中的鹰爪花、瓜馥木、香港瓜馥木都是显著的热带区系成分，普遍分布于海拔 400m 以下的沟谷林缘。出现于第三纪的山茶科、桃金娘科、金缕梅科、大风子科在东江源区常绿阔叶林都有普遍分布。山茶科的木荷、银木荷、石笔、薄壁石笔木；厚皮香科的茶梨、厚皮香、华南厚皮香、枃木等都是常绿阔叶林的优势种或伴生种。山茶属和枃木属的种类尤多，都是常绿阔叶林下木的主要成分或优势种，桃金娘仅见于低山丘陵次生林边缘或灌丛中，而赤楠属为常绿阔叶林的下木。金缕梅科的枫香是阳性先锋树种，常见于常绿鲷叶林缘或林中空地，或为次生林的主要成分。金缕梅科的半枫荷都是东江源区地特有树种（珍贵药用植物）。此外，还有蚊母树属和灌木及秀柱花等在常绿阔叶林中林缘均有分布。大风子科的柞木和山桐子，野茉莉科的银钟花在常绿阔叶林中也常有分布。

从热带延伸入东江源区地区热带性科属植物还有天料木科的天料木、桑科的白桂木和无花果属等；胡桃科的黄杞、藤黄科的多花山竹子、铁青树科的青皮木、蛇菰科的蛇菰属、杜英科的杜英和猴欢喜属，芸香科的柑橘属金橘属、飞龙掌血属、花椒属等；茶茱萸科的甜果藤、五加科的树参属、鹅掌楸属；大戟科的算盘子属、乌柏属；紫金牛科的紫金牛属；安息香科的野茉莉属；山矾科的山矾属；马鞭草科的臭牡丹属；防己科的木防己属；柿树科的柿树属；乌檀科的勾藤属；菊科的异芒菊；棕榈科的多刺鸡藤；古柯科的东方古柯等。

禾本科的禾亚科约450属，5000种左右，广布于全世界。我国约190属，1000多种，东江源区有81种。从属的地理分布分析，亚热带、热带分布的属占2/3，温带属占1/3。在中低海拔植被组成中占优势地区的有芒；林下有淡竹叶可占优势。

从东江源区种子植物属的区系地理成分统计分析，各类亚热带成分占本区总属的64%左右；各类温带成分占总属数的36%左右。其地理分布如图3.2-15所示。

典型区域植被资源调查如下：

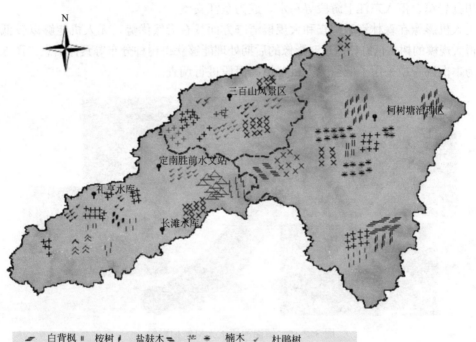

图 3.2-15　东江源主要植被地理分布

1. 三百山与东风水库

三百山景区位于江西省赣州市安远县，地理坐标为：东经$115°14'56''$，北纬$25°00'07''$。东邻寻乌县，地跨濂江乡、风山乡、镇岗乡、新园乡，总面积$197km^2$，属武夷山脉东段北坡余脉交错地带。三百山是长江水系之贡江与珠江水系之东江的分水岭，是东江的源头，粤港居民饮用水的发源地，也是全国唯一对香港同胞具有饮水思源特殊意义的旅游胜地。2020年8月7日，调研组到达三百山与东风水库进行实地调查。

区内森林覆盖率达98%，植被类型属我国东南部原生型常绿阔叶林及中山针阔混交林，负氧离子浓度最高达7万个$/cm^2$。由于海拔不太高，植被垂直分布不明显。但由于山峦起伏，地形复杂形成多种多样的森林群落，植被主要类型有：常绿阔叶林、常绿落叶阔叶混交林、常绿针叶林、针阔混交林及山地矮林等。

2. 定南水镇岗河段

镇江河流域总集水面积 656.50km²，安远县境内为 620.90km²，主河长 53.33km。区内大于 10.00km² 集水面积的河流 16 条，主要有符山河、古坊河、长坑水、杨佳河、观音河、涌水河等。镇江河，系珠江流域东江上游寻乌水段支流贝岭水的河源段水流，发源于江西省安远县与寻乌县交界的基隆嶂，经大坝头西南流经东江源水库，库区左岸有三百山河（原名长坑水）汇入。镇江河至五丰围接观音河后经石扬、赖塘、绕镇岗圩，至富长接永水河，绕孔田圩后接纳符山河，至龙岗接纳古坊水，至鹤仔接纳杨佳水，直至黎屋出口流入定南县境内称九曲河（九曲水）、定南水（定南河）。东南流向进入广东省称贝岭水，至龙川县岩镇，汇入东江上游段寻乌水，成为东江支流。

无人机影像在森林资源调查和大规模清查方面具有天然优势，无人机能够以较低的成本获得大规模的树木信息，通过对影像的后期处理能够获得树种分布等具体信息。图 3.2-16 所示为本次调查中采用了低空无人机对镇岗河段进行调查。

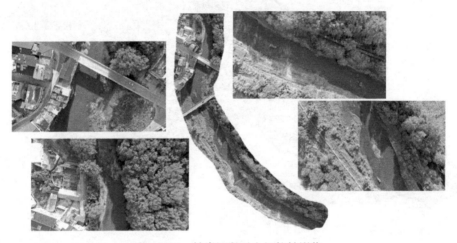

图 3.2-16　镇岗河段无人机航拍影像

3. 礼亨水库

调研组于 2020 年 8 月 8 日到达礼亨水库进行实地科考。礼亨水库为定南水下历河，为定南饮用水源区，位于定南县历市镇，控制流域面积 34.90km²。礼亨水库两岸的植物种类丰富。

4. 定南水长滩水库

长滩水电站地理位置处于江西省赣州市定南县天九镇桃溪村，位于经度 115°11′00″，纬度 24°42′00″，库容量有 1155 万 m³，集雨面积为 1312.00km²，装机容量 8000kW，坝高 26.10m，其最小下泄生态流量为 3.60m³/s，所处定南水赣粤缓冲区，是安远县两大水电站之一。调研组于 2020 年 8 月 8 日到达长滩水库进行实地科考。

长滩水库沿河植被资源十分丰富，在沿河区域，生物群落中植被种类和数量十分多样，由许多生物种群组成。

5. 定南胜前水文站

胜前水文站位于经度 115°12′39″，纬度 24°52′36″的地理位置，所处水功能区为定南水定南保留区，水质目标是国家地表水环境质量标准Ⅲ类。

胜前水文站建于 1975 年 10 月，原为胜前水文站，位于江西省定南县龙塘乡胜前村；2004 年上迁 3km 更名为胜前水文站。位于江西省定南县龙塘乡长富村的九曲河（定南水）河段右岸。该站站址上距河源 62.2km，下距省界 29km，控制流域面积 751km²，占九曲河赣、粤交界以上流域面积的 44.6％。是珠江流域东江水系九曲河的重要控制站。主要测验项目有水位、流量、水质、降水等。实测历年最高水位 229.56m（2006 年 7 月 15 日），最大流量 1550m³/s；实测历年最低水位 220.00m（1996 年 7 月 12 日）；多年平均流量 20.4m³/s。多年平均年径流量 6.46 亿 m³。

6. 脐橙果园与百香果园

赣州从 20 世纪 70 年代开始试种脐橙，40 多年来，先后实施了"兴果富民""建设世界著名脐橙主产区""培植超百亿元产业集群""打造世界最大、具有国际影响力和市场话语权的脐橙产业基地"等战略，形成了以脐橙为主导的柑橘产业大发展的果业产业格局，赣南脐橙助力脱贫攻坚也成为全国三大产业扶贫典范之一。查阅相关资料，2018 年，赣南脐橙实现产业集群总产值 118 亿元，年销售赣州脐橙鲜果 1 万 t 以上的企业达 30 余家，成立赣南脐橙市级协会 1 个、县级协会 18 个、乡级或基地协会 200 多个、专业合作社 982 个，25 万种植户、70 多万果农实现增收致富，100 万名农村劳动力就业得以解决，其中贫困户劳动力约占 35％，赣南脐橙果园种植给赣南人民带来一条特色的脱贫之路（图 3.2-17）。

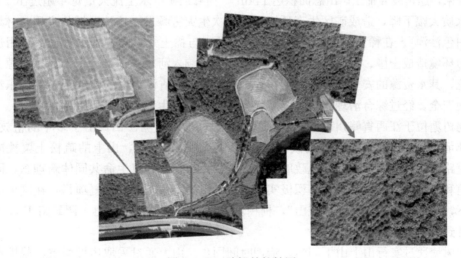

图 3.2-17　脐橙林航拍图

赣南地处中亚热带，呈典型的亚热带季风性湿润气候，此地四季分明，地形复杂，以山地、丘陵、盆地为主，地域差异大，适合百香果生长。图 3.2-18 所示为赣州百香果不仅味道甘甜可口，而且营养物质丰富。江西赣州是盛产百香果的地区，百香果是江西赣州的主要农产品之一，种植基地主要分布在寻乌县和安远县，目前生产规模仅次于脐橙。

图 3.2-18 百香果园

7. 柯树塘废弃矿山治理区

寻乌稀土资源丰富，从 20 世纪 70 年代开始，为了给国家创造外汇，进行了近 30 年的稀土开采，遗留废弃稀土矿山总面积达 14km²，高峰期矿区水土流失量每年超过 100 万 m³，入河水质大幅下降，造成矿区生态环境恶化，次生灾害频发，这片区域从良田、林地变成了"白色沙漠"。在稀土开发过程中遗留的浸矿剂与稀土元素随着降水等迁移作用进入矿区周边环境造成土壤、植被和农作物污染，从而影响入河水质，寻乌水作为东江源头的主干河流，其水资源的安全影响着珠三角社会经济发展和香港繁荣稳定。为了保证东江源水资源的安全，经过综合治理与生态修复，稀土矿区周边生态得到显著修复。

柯树塘位于江西省赣州市寻乌县文峰乡，以前的柯树塘矿山，由于多年的粗放开采，原先郁郁葱葱的山峦变成了支离破碎的裸露山包。雨季一来，山上的疏松土壤被冲刷下来，道路被淹、良田被毁，当地政府为积极践行山水林田湖草生命共同体新理念，同时为珠三角和香港提供安全水资源，积极实施山水林田湖草生态保护修复项目，在这个项目的推动下，废弃矿山变成"金山银山"，柯树塘正焕发新的生机和活力。调研组于 2020 年 8 月 9 日到达柯树塘进行实地科考。

柯树塘通过实行山上山下同治，治理时间同步，山上通过采取边坡修整，截排水沟和植被恢复措施，山下建立水质净化厂来对稀土矿区因降雨迁移作用产生的废水进行净化处理。从柯树塘到净化池之间的废弃稀土矿也得到了有效的治理，通过复垦和植被恢复，矿区地表的荒漠化程度得到了明显的改善。

8. 九曲湾水库

九曲湾水库位于寻乌县西部，距离县城 5km，距离东江源头发源地桠髻钵山 28km。九曲湾水库是寻乌县城的唯一供水水源地，除供水外，兼有防洪、发电等综合利用效益。九曲湾水库为峡谷形的河道型水库，水库正常水位以下淹没面积的长度约为 2315m，宽度约 108m，水面面积 25m^2，平均水深 9.52m，坝址以上集雨面积 71km^2，正常蓄水位 350m，总库容 415 万 m^3。调研组于 2020 年 8 月 9 日到达九曲湾水库进行实地科考。

9. 云台山自然保护区

定南云台山自然保护区种子植物有 164 科 685 属 1382 种（含种下等级，包括亚种、变种及栽培种，下同），其中裸子植物 6 科 9 属 11，被子植物 158 科 676 属 1371 种。在被子植物中，双子叶植物 133 科 548 属 1151 种，单子叶植物 25 科 128 属 220 种，保护区有国家一、二级重点保护植物共 15 种，其中国家一级重点保护植物有 2 种，即南方红豆杉和伯乐树；国家二级重点保护植物有 13 种，分别是金毛狗蕨、香樟、闽楠鹅掌楸、凹叶厚朴、黄檗、伞花木、花榈木、喜树、金荞麦、香果树、桦树、半枫荷。

3.2.7 动物资源

经相关文献调查和实地走访，以县级市为单位，定南重点保护野生动物主要包括穿山甲、黑麂水鹿（山牛）、鹰类、白鹇、猫头鹰、蟒、虎纹蛙、黄鼬（黄鼠狼）、果子狸（花面狸）、赤麂（黄麂）、小鹿（麂子）、环颈雉（野鸡）、灰胸竹鸡（竹鸡）、杜鹃（布谷鸟）、翠鸟（钓鱼郎）、画眉、灰鼠蛇（黄金条）、乌梢蛇（乌凤蛇）、金环蛇（寸金蛇）、银环蛇（竹节蛇）、眼镜蛇（扇头风）、眼镜王蛇（眼镜王）、中华鳖（甲鱼）、棘胸蛙（石鸡）、黑斑蛙（青蛙）、大蟾蜍（癞蛤蟆）、鸟纲（所有种）等；寻乌重点保护野生动物主要包括云豹、豹、黑麂、蟒蛇、黑冠鹃隼、黑鸢、苍鹰、赤腹鹰、游隼、燕隼、褐翅鸦鹃、草鸮、雕鸮、斑头鸺鹠、白鹇、猕猴、穿山甲、豺、小灵猫、斑灵猫、金猫、水鹿、苏门羚、斑羚、虎纹蛙、鸬鹚、中华鹧鸪；安远重点保护野生动物主要包括华南虎、云豹、金钱豹、黄腹角雉、猕猴、穿山甲、金猫、香獐、水鹿、鸢、水獭、乌、白鹇、大灵猫、水灵猫、猫头鹰、虎斑蛙。

3.3 分析与评价

3.3.1 东江源流域水生态分析与评价

1. 浮游植物

为了探究东江源浮游植物与水化学指标的关系，利用 SPSS19.0 分别对寻乌水和定南水的浮游植物和水化学指标开展了相关性分析。

浮游植物指标包括：蓝藻种类数、硅藻种类数、总种类数、蓝藻丰度、硅藻丰度、绿藻丰度、总丰度、蓝藻生物量、硅藻生物量、绿藻生物量、总生物量。

水质指标包括：水温（T）、pH 值、溶解氧（DO）、高锰酸盐指数（COD_{Mn}）、化学需氧量（COD_{cr}）、五日生化需氧量（BOD_5）、氨氮（$NH_3\text{-}N$）、总磷（TP）、总氮（TN）。水质数据来源于赣江上游水文水资源监测中心，监测时间与水生态资源调查同步。

对寻乌水浮游植物与水化学指标的 Pearson 相关系数分析得出，寻乌水蓝藻种类数、绿藻种类数和总种类数与水温具有极显著正相关性（$P < 0.01$），$|r|$ 均在 0.77 以上，尤其是总种类数与水温的 $|r|$ 达到 0.9，表明较高的水温对寻乌水浮游植物种类数具有极显著的促进作用，这与前述寻乌水冬春季与夏秋季浮游植物种类数量结果一致的，寻乌水

冬春季浮游植物总种类数为 115 种，夏秋季浮游植物种类数达到了 192 种，夏秋季浮游植物种类数远大于冬春季。寻乌水绿藻生物量与溶氧具有显著负相关性（$P<0.05$），表明在低溶氧情况下绿藻的生长速率更大。寻乌水绿藻生物量和总生物量均与氨氮呈显著负相关（$P<0.05$），但相关系数较低，表明氨氮浓度较高时绿藻生物量和总生物量更低。

对定南水浮游植物与水质指标的 Pearson 相关系数分析，发现与寻乌水类似，定南水蓝藻种类数、绿藻种类数和总种类数也与水温呈显著正相关，两条河流的结果均表明东江源夏秋季较高的浮游植物种类数与水温具有较大的关系。浮游植物在更高的水温条件下具有较快的繁殖速率，加上夏秋季较强的光照，使得各种浮游植物都得到充分生长。定南水硅藻丰度和硅藻生物量与 BOD_5 呈显著负相关，BOD_5 是反映水中有机污染物含量的一个综合指标，表明定南水部分点位硅藻受有机质污染影响较大，在有机质污染较高时硅藻丰度和生物量均较低。

通过浮游植物与水化学指标的相关系分析表明，东江源的寻乌水和定南水蓝藻、绿藻和总浮游植物种类数均与水温呈显著正相关，较高的氨氮对寻乌水绿藻和总浮游植物生物量具有显著的抑制作用，有机质污染对定南水硅藻丰度和生物量具有显著抑制作用。

2. 浮游动物

为了探究东江源浮游动物与水化学指标的关系，利用 SPSS19.0 分别对寻乌水和定南水的浮游动物和水化学指标开展了相关性分析。浮游动物指标包括原生动物种类数、轮虫种类数、总种类数、原生动物密度、轮虫密度、总密度、原生动物生物量、轮虫生物量、总生物量，水化指标包括水温（T）、pH 值、溶解氧（DO）、高锰酸盐指数（COD_{Mn}）、化学需氧量（COD_{Cr}）、五日生化需氧量（BOD_5）、氨氮（NH_3-N）、总磷（TP）、总氮（TN）。

根据寻乌水浮游动物与水化学指标的 Pearson 相关性分析可得，轮虫种类数与水温、化学需氧量呈显著正相关（$P<0.05$）；总种类数与总氮浓度呈极显著正相关（$P<0.01$），且相关系数较大，说明寻乌水总氮浓度越高，浮游动物种类数也越高；原生动物密度、轮虫密度、总密度、原生动物生物量、轮虫生物量、总生物量均与 pH 值呈显著正相关（$P<0.01$），且相关系数均高于 0.568；而总种类数、原生动物密度、轮虫密度、总密度、原生动物生物量、轮虫生物量、总生物量均与溶解氧呈显著负相关（$P<0.05$），说明当水中溶解氧降低时，浮游动物总种类数、原生动物密度、轮虫密度、总密度、原生动物生物量、轮虫生物量、总生物量会相应增加，这与绿藻生物量的变化趋势一致，可能是由于摄食绿藻的浮游动物因绿藻增加而加快生长繁殖。

根据定南水浮游动物与水化学指标的 Pearson 相关性分析可得，原生动物种类数、轮虫种类数、总种类数、轮虫密度、总密度、轮虫生物量与水温呈显著正相关（$P<0.05$），说明轮虫的各项指标均会随着水温的升高而升高，而轮虫在定南水浮游动物中占比最高，因此定南水浮游动物种类、密度和生物量均也会随着水温的升高而升高，这与前面几节分析的浮游动物在更高的水温条件下具有较快的繁殖速度结果一致；原生动物种类数、原生动物密度、原生动物生物量与高锰酸盐指数、化学需氧量、总磷均呈极显著正相关（$P<0.01$），且相关系数均大于 0.714，说明定南水中高锰酸盐指数、化学需氧量、总磷这三项指标对原生动物影响较大，当水中高锰酸盐指数、化学需氧量或总磷浓度升高时，原生动物也相应增加；另外，原生动物密度和原生动物生物量与总氮也呈显著正相关（$P<$

0.05），但相关系数相对较小，随着水中总氮浓度的升高，原生动物数量也会相应增加。

通过浮游动物与水化学指标的相关性分析表明，东江源的寻乌水浮游动物种类数受总氮影响较大，水中总氮浓度越高，浮游动物种类数也越高；浮游动物密度和生物量受 pH 值和溶解氧影响较大，当水中 pH 值升高时，浮游动物密度和生物量会随之增加，而当水中溶解氧升高时，浮游动物密度和生物量则会随之减少。东江源的定南水浮游动物种类、密度和生物量均会随着水温的升高而升高；原生动物种类、密度、生物量受高锰酸盐指数、化学需氧量、总磷影响较大，当水中高锰酸钾指数、化学需氧量或总磷浓度升高时，原生动物种类、密度、生物量也相应增加；原生动物密度和生物量也会受总氮影响，当水中总氮浓度升高时，原生动物密度和生物量也相应增加。

3. 底栖动物

（1）底栖动物与环境因子

底栖动物对环境的适应性以及对污染物的耐受力、敏感度都不相同，可以利用其特征来反映水体的质量状况。底栖动物的密度、生物量不仅与本身的特性有关，还与环境条件有一定的关系。各种环境因子基本可归纳为 3 类：一是物理因素，包括水深、温度等；二是富营养化因素，包括 N、P 元素以及沉积物中有机碳含量；三是地质类型，如沉积物粒度参数等。

（2）环境因子对底栖动物的影响

① 物理因素

冬春季水温较低，夏秋季水温较高。夏季水生昆虫的羽化使得底栖动物数量较少，但水生昆虫数量少，生物量低，在底栖动物中所占比例为 13%，所以水生昆虫的数量减少并未使得底栖生物数量受到太大影响。相反，夏秋季水温身高，饵料丰富，正是软体动物生长的高峰，底栖动物生物量基本由软体动物决定（占比约为 77%），所以夏秋季会出现底栖动物生物量与密度的峰值。

在水量方面，重度污染或者重度富营养化水体指示种水丝蚓，在冬春季，霍夫水丝蚓为优势种，在 DJ6、DJ9、DJ11、DJ12、DJ13、DJ16 均存在，而在夏秋季，水量较为充沛，水丝蚓在所有采样点均未检出（寻乌水、定南水也呈现此规律），说明东江源夏秋季水质污染程度、富营养化程度明显低于冬春季。

② 富营养化因素

丰水期，pH 值与铜、铅等金属离子为底栖动物分布的关键因子，采集水样中，重金属离子均低于检出限。对夏秋季（丰水期）的采样点的生物量与底栖种类分析可知，DJ6、DJ9、DJ11、DJ12、DJ13、DJ16 点 pH 值均高于 7，水体呈现碱性，其中腹足纲、蜉蝣目等耐污能力差的清洁种大量分布，而 pH 值低于 7 的其他点位，清洁种几乎未见分布。

枯水期，COD 浓度变化对底栖动物分布较为显著，在 DJ6、DJ11、DJ14、DJ16 中，均存在较多的度污染或者重度富营养化水体指示种水丝蚓以及耐污种摇蚊、大蚊类群，说明此采样点 COD 值较高，与水质监测结果一致。

氮和磷的含量水平是水体营养化程度的一个重要指标。水中的氮、磷元素的不同，对底栖动物也有影响，其中，氮为主要制约因子，一般情况下，当氮为 10mg/L，磷元素制约因素才明显。在冬春、夏秋两季，DJ5、DJ7、DJ14 三个点均存在大量耐污种水丝蚓与摇蚊，可见这两处水体可能处于重度污染或者重度富营养化。

（3）小结

根据底栖动物群落分布与优势种分析，东江源夏秋季水质污染程度、富营养化程度明显低于冬春季。枯水期，摇蚊、大蚊类群等耐污种受 COD 浓度变化影响较大，且呈正相关性，丰水期 pH 值为底栖动物分布的关键因子，东江源 pH 值高于 7 的采样点，水样呈现碱性，适合腹足纲、蜉蝣目等耐污能力差的清洁种生存繁殖。在冬春、夏秋两季，DJ5、DJ7、DJ14 三个点均存在大量耐污种水丝蚓与摇蚊，可见这两处水体可能处于重度污染或者重度富营养化。根据生物量与密度分析，夏秋季高温会出现底栖动物生物量与密度的峰值。

因此，冬春季需特别加强对东江源的水质保护，减少其污染与富营养化水平。对于DJ5、DJ7、DJ14 采样点水质，加强监测，进一步查找底栖动物耐污种水丝蚓与摇蚊存在的原因，制定相应保护措施。

4. 水生植物

东江源水生植物中严格意义的水生植物（挺水植物、浮叶植物、漂浮植物、沉水植物）种类较少，其沉水植物只有 2 种，漂浮植物 3 种，这与东江源头区域的河床多碎石，水流变化复杂相适应，且大多为分布广泛的科，未发现有珍稀物种。根据 1983 年出版的《中国水生维管植物图谱》，中国水生维管植物计有 61 科 145 属 334 种（含变种），1990 年出版的《中国水生杂草》，载有水生杂草（含水绵、轮藻、苔藓、蕨类等）61 科 155 属437 种，东江源水生植物种类占中国总数的 12.6％和 9.6％。

水生植被在整个水体生态系统的建构、平衡、维持、恢复等过程中起着举足轻重的作用。首先，作为初级生产者，为各类水生动物直接或间接提供食物基础，进而形成复杂的食物链，为最终形成复杂的生态系统提供了必要条件；其次，调节生态系统的物质循环，维持生态系统的良性循环，如通过其矿质营养代谢实现并调节生态系统的物质循环；可有效增加空间生态位，形成更多样化的小生境；能影响并稳定水体理化指标，如通过光合作用放氧提高水体中溶氧浓度和氧化还原电位；通过呼吸作用利用二氧化碳改变水的 pH 值和无机碳的形态和含量等；再次 6 大型水生植物通过与浮游植物竞争营养物质和生长空间，以及形成的遮光效应和分泌克藻物质，可以很好地抑制藻类的过量繁殖，减少或避免水华的暴发，维持较高的生物多样性和健康的水环境；还具有各种物理、化学效应，如固化底泥、提高其氧化性、附着和吸收有害物质（如各类有毒物质和重金属等），通过吸附、滤过作用，降低生物性和非生物性悬浮物，增加透明度，净化水质；水体中植物的生存，可以减少水动力。降低水体扰动所带来的底泥营养盐向水体释放；最后，还具有一定的景观美化效应等。

东江源区水系因接近人类密集活动区，在调查中也发现水生植物受到了较大的人类活动影响。因此要加强水生植物的监测和管理，更好地为生态环境的保护服务。

5. 鱼类

通过已有文献资料分析，东江源头区域的鱼类资源调查开展过三次。邹多录曾于 1983～1984 年对寻乌水自项山至留车江段进行了渔业资源调查，共调查到 49 种鱼类，隶属于 6 目 14 科 31 属。另外，邓凤云等（2013）在 2010～2011 年对整个东江源头区的鱼类进行了调查，共计采到鱼类 7 目 18 科 56 属 74 种。除陈氏新银鱼（*Neosalanx tangkahkeii*）、齐氏罗非鱼（*Tilapia zillii*）和食蚊鱼（*Gambusia affinis*）3 种为外来物种外，其余 71

种为土著鱼类（表 3.3-1）。

东江源不同时期调查的鱼类种类数　　　　　　　　　　　　　　表 3.3-1

调查时间	物种数	数据来源
1981~1983 年	57	邹多录(1988)
2010 年	74	邓凤云等(2013)
2020 年	39	本研究

与历史数据相比，本次调查到的东江源头区鱼类种类数量存在着明显下降，主要表现为稀有种类的缺失，如白甲鱼、墨头鱼等。一方面主要与调查的范围、频次、捕捞方式等有关，另一方面则与该区域自然环境变化有关。受东江源头区禁渔的影响，本研究的渔获物主要通过当地居民垂钓，以及访问渔民与菜市场调查等方式获得，一些小型的鳅科、鲤科鱼类，如高体鳑鲏、棒花鱼、福建小鳔鮈、美丽小条鳅等难以在渔获物中采集到。另外，不同调查的时间间隔在 10 年以上，受社会经济发展及人为活动的影响该区域的水体自然环境发生了较大的变化。城镇化的发展导致东江源水体受到严重污染，水质出现恶化的情况，对鱼类的影响不容忽视。流域内修建水电站导致鱼群孵化区受淹，"四大家鱼"产卵场逐渐消失，梯级水坝严重影响洄游性鱼类（如日本鳗鲡）正常的生活史。过度捕捞和有害渔具渔法的使用导致东江源的鱼类资源持续下降，经济鱼类种群数量明显减少，同时对一些经济价值不大的种类也同样存在着较大的影响。

从生态类型的组成分析发现，东江源头区鱼类生态型的组成并没有发生大的变化，均是杂食性、定居型、底栖和中下层鱼类为主，小型鱼类种类丰富。这与该区域的生境多样性特点密不可分。东江源头区域的河床多碎石，水流变化复杂急缓结合，深潭与浅滩交错，为不同生态类型的鱼类提供良好的栖息场所。

3.3.2　东江源区植被覆盖分析与评价

东江发源于江西省寻乌县，是珠江三角洲和香港地区的主要饮用水源，事关香港的繁荣稳定以及珠江三角洲的可持续发展，具有重大战略意义。通过对东江源 1995 年、2003 年、2008 年、2013 年、2017 年以及 2019 年的植被覆盖度结合水系分析植被覆盖变化情况。以实际情况将植被覆盖度等级以不同程度划分为低覆盖度、中低覆盖度、中覆盖度、较高覆盖度以及高覆盖度。

如图 3.3-1 和图 3.3-2 所示，将东江源地区不同年份的各级植被覆盖度相比较，低植被覆盖度以及中低覆盖度区域的面积在这些年先减少再增加后又减少，中覆盖度和较高覆盖度区域的面积在这些年基本上都保持稳定，而高植被覆盖度区域的面积在这些年基本上在增加，而且增加比较明显。

1995~2003 年期间，东江源地区总体是达到一个相对平衡的状态。各级覆盖度在不同程度上都有一定的变化，但变化的面积不大，主要是低覆盖度的增加与高覆盖度的减少，但还是呈现出相对平稳的趋势。

2003~2008 年期间，变化较为明显，低植被覆盖度与高植被覆盖度增加的较为明显，特别是高植被覆盖度的激增。2002 年 4 月 11 日。国务院发出《关于进一步完善退耕还林政策措施的若干意见》。在相应退耕还林政策的实施下，林地的面积大幅度增长。

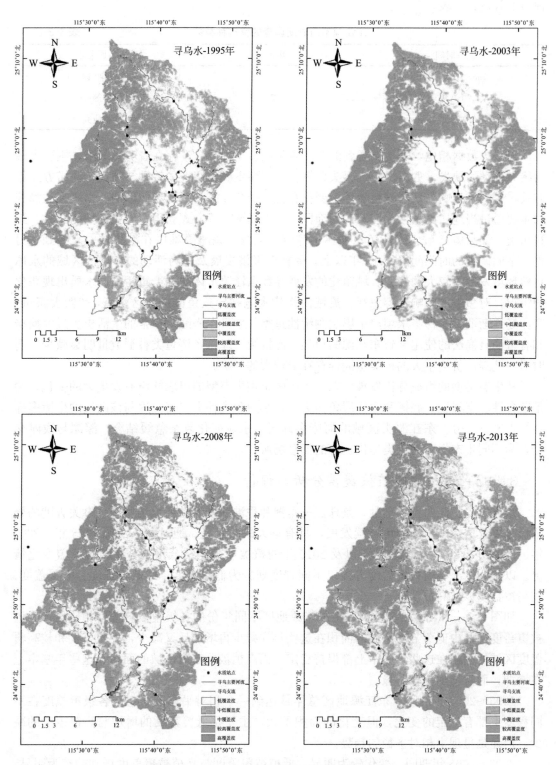

图 3.3-1　1995—2019 年寻乌水流域植被覆盖度（一）

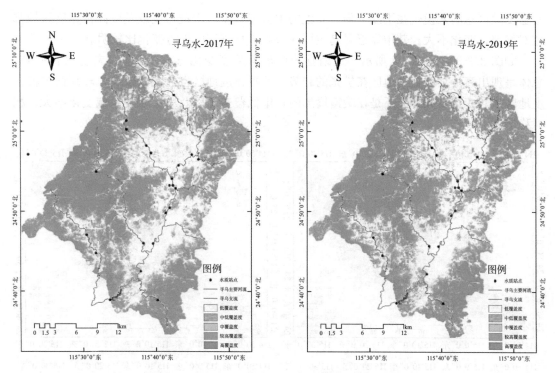

图 3.3-1　1995～2019 年寻乌水流域植被覆盖度（二）

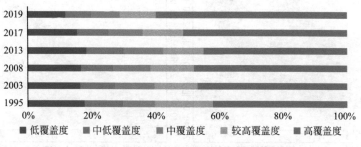

图 3.3-2　1995～2019 年寻乌水流域植被覆盖面积变化

2008～2013 年期间，高植被覆盖度减少得明显一点，而其他覆盖度等级都在不同程度上呈现小幅度增加的趋势。

2013～2019 年期间，党的十八大指出大力推进生态文明建设生态文明，是关系人民福祉、关乎民族未来的长远大计。在此背景下，2013 年至今，东江源地区的高植被覆盖度区域总体呈现出持续上升的趋势，低植被覆盖度区域也在缓步下降。

东江源地区植被覆盖度总体情况良好，特别是高覆盖度的区域呈现出扩张的趋势，同时低覆盖度的面积也在缓步下降中。低植被覆盖度、中低植被覆盖度以及中植被覆盖度相对而言都比较稳定，变化不明显。

为了将深入分析东江源植被覆盖度变化对水环境的影响，将东江源区按照水系走向分为寻乌水和定南水两个大的子流域。分别分析寻乌县和定南县 1995 年、2003 年、2008年、2013 年、2017 年，以及 2019 年的植被覆盖度变化。

寻乌县这些年的高植被覆盖度在政策治理下呈现出持续增长的趋势，与此同时低植被覆盖度地区总的来说也在不断下降。其他的中低覆盖度、中覆盖度以及较高覆盖度区域都相对稳定，变化不大。其中靠近寻乌主要河流和寻乌支流的地方变化比较明显。

如图 3.3-3 和图 3.3-4 所示，定南县的植被覆盖度变化与东江源整体趋势大体一致，总体呈现出高植被覆盖度地区在扩张的趋势。低覆盖度地区也在缓步减少，较高植被覆盖度地区虽然变化不大，但还是在缓慢增加的，中低覆盖度以及中覆盖度区域变化不大，相对稳定。

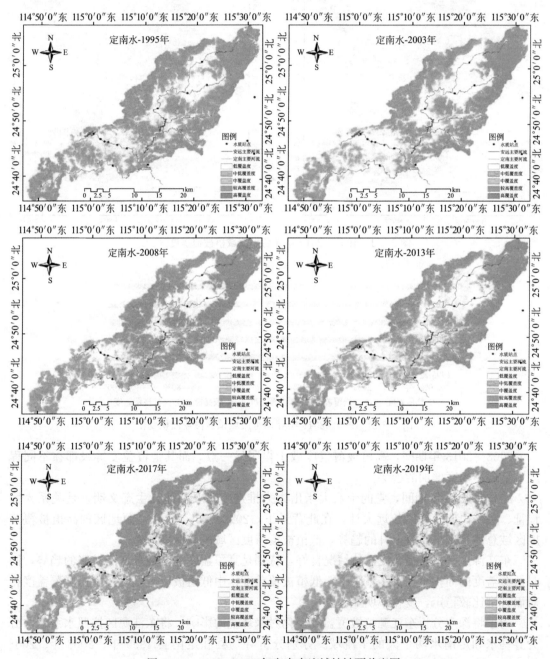

图 3.3-3　1995～2019 年定南水流域植被覆盖度图

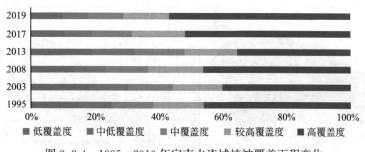

图 3.3-4　1995～2019 年定南水流域植被覆盖面积变化

3.3.3　东江源区土地荒漠化信息分析与评价

东江源区位于江西省赣州市东南部,是指示生态环境变化的重要参数。区域范围内寻乌、安远、定南 3 县是世界上最大的离子吸附型稀土矿主产区之一。稀土和钨等矿产开采、修路、建厂、筑水库、建电厂等都有大量的矿渣、尾沙、废石和弃土,经水流冲刷,加剧了水土流失。矿产的开发给当地带来经济效益的同时,也产生了一系列环境问题。开采过程中的剥离矿区表土、堆浸尾矿、挖掘注液孔等开采扰动直接对地表土壤、植被等造成了严重的破坏,导致大面积土壤有机质和养分的流失,造成土地退化最后形成矿区土地荒漠化。被毁的农田、林区和河道连成一片,严重的水土流失造成河流水质污染。

以东江源区为研究对象,基于 Albedo-NDVI 特征空间理论,Albedo-NDVI 特征空间的组合信息可用于土地覆盖分类与制图、土地覆盖变化监测以及沙漠化监测与分析研究。沙漠化遥感监测差值指数模型(DDI),充分利用了多维遥感信息,指标反映荒漠化土地地表覆盖、水热组合及其变化,具有明确的生物物理意义。对 1995 年、2003 年、2008 年、2013 年、2017 年、2018 年和 2019 年的土地荒漠化信息进行提取,得到土地荒漠化分级图,并与东江源区水系图进行空间叠加,得到不同时段内东江源水域范围内土地荒漠化的变化动态,如图 3.3-5 所示。

(1)东江源区土地荒漠化信息空间分布

从图 3.3-5 可以看出,1995～2019 年,东江源区土地荒漠化动态变化大,总体呈现逆转趋势。其中荒漠化较严重的区域主要集中在寻乌县中部、安远县南部以及定南县南部,两县之间的交界处土地荒漠化程度较低。结合谷歌影像以及实地调研对比发现,轻度荒漠化和未荒漠化区域主要由大量林地,少许耕地组成;中度荒漠化区域主要集中在矿区耕地及果园,主要是由于农作物开垦,脐橙等经济作物的种植导致的;重度和极重度荒漠化主要集中在城镇开发的建筑或是采矿区域的裸露地表,以此为中心,呈现连片分布。从东江源土地荒漠化发展分布上看,城镇扩张、森林砍伐、矿山开采等活动区域扰动明显,2013年后,东江源区内荒漠化土地好转趋势最为明显,2017～2019 年土地荒漠化各类型基本趋于稳定,这表明自 2013 年赣南大部分稀土矿区全面停止开采以来,停止稀土开采、加大矿区生态复垦力度以及实施严格的矿山管理制度等措施使得矿区周边环境质量有了明显的改善和提升,荒漠化土地面积下降明显,生态恢复效果显著。近年来通过推动矿区生态治理,加大复垦植被力度,原有矿区开采面积正逐渐减少,矿区生态环境质量将呈现逆转趋势,恢复原有环境指日可待。

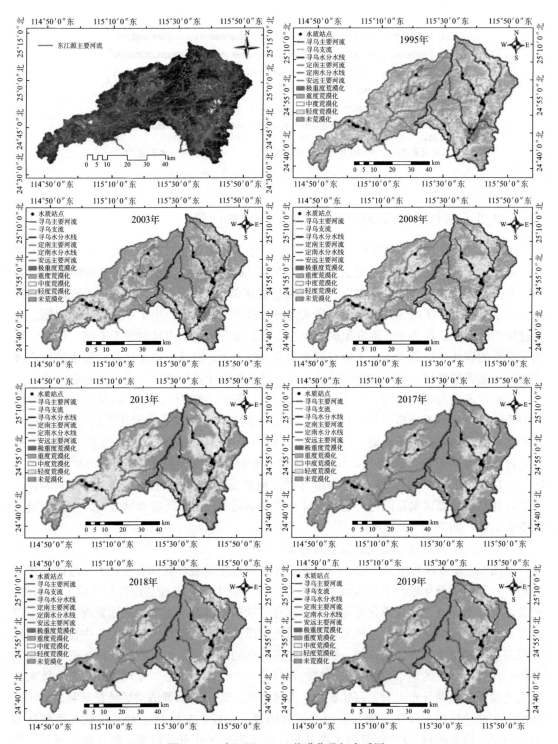

图 3.3-5　东江源区土地荒漠化叠加水系图

（2）东江源区土地荒漠化对水环境的影响

东江源荒漠化土地空间分布与流域内河流走向基本一致，以寻乌水、定南水以及安远主要河流为中心，呈片状往外扩展，主要原因有：

早期的无序开采在部分稀土矿迹地，尾沙、废弃土到处倾倒，水土流失被毁的农田和淤积的洼地、河道连成一片，严重的水土流失已对源区和下游地区的水生态环境构成极大的威胁。矿山废弃地区，严重的水土流失导致土地退化直至荒漠化，有毒有害废水肆意泄排，直接影响附近居民的生活饮用水和农田灌溉用水水质，每逢雨季大量尾砂直接泻入河道，对水环境构成极大威胁。

林业是当地的财政的主要支柱，20 世纪 90 年代主管部门只取不育，森林恢复缓慢。本地区能源以木材为主，长期对森林砍伐，弱化了森林涵养水源的能力，导致水土流失严重。

随着区域经济的发展，源区内人口增长和城镇化水平提高，城镇建设用地逐渐增多，从一定程度上加剧了东江源区土地荒漠化进程。

根据得到的土地荒漠化分级图，分别统计 1995 年、2003 年、2008 年、2013 年、2017年、2018 年和 2019 年各荒漠化土地类型对应的面积，如图 3.3-6 所示。分析可得，1995～2019 年东江源区荒漠化土地面积总体呈下降趋势，区域动态变化大。1995～2003 年荒漠化总面积中度荒漠化区域面积下降明显，这主要是因为 20 世纪 90 年代，林业是当地的财政收入的主要来源。本地区能源以木材为主，长期对森林砍伐造成严重的水土流失，土地退化直至荒漠化。另一方面采矿工艺水平的提升，由原来的池浸逐步转变为堆浸和原地浸矿，"原地浸矿"是一种风化壳离子吸附型稀土矿采选工艺，对稀土矿附近环境破坏相对较小。2003～2008 年，东江源区荒漠化轻度荒漠化面积大幅增加。2008～2013 年，东江源荒漠化土地面积整体减少了，但中度荒漠化和中度荒漠化区域略有增加。这是因为 2008年，稀土行业全面整合，开采数量的严格限制和监管力度的加强从而使得稀土开采迅速减少，荒漠化面积整体有所减少。2013～2019 年，荒漠化土地面积下降趋势变缓，荒漠化土地面积逐渐趋于稳定，各类型荒漠化土地面积均在减少。2013 年后，赣南大部分稀土矿区已经全面停止开采，并开始了全面的复垦、修复工作，将废弃稀土矿山恢复成林地、耕地。通过地形整治、土地平整与复垦，种植桉树、松树、草等绿色植物，荒漠化土地面积下降明显，生态恢复效果显著。

图 3.3-6　1995～2019 年荒漠化土地面积变化

（3）东江源区土地荒漠化典型流域分析

分别对 1995 年、2003 年、2008 年、2013 年、2017 年、2018 年和 2019 年的定南水流域和寻乌水流域土地荒漠化信息进行提取。分析得出，在定南水流域和寻乌水流域中，荒漠化土地以河流为中心呈片状向外扩散分布,结合遥感影像以及土地利用变化可以发现,其中定南水流域和寻乌水流域土地荒漠化动态变化较大的原因是矿产资源的开采、森林砍伐以及城镇扩张等人为活动的影响。对比土地荒漠化时序图可以发现,自 2008 年,江西省出台东江源保护区生态保护"以奖代补"政策以来,提高了当地政府保护生态的积极性,东江源区土地荒漠化逐渐呈现逆转趋势。后期果园种植技术的改善与推广与矿山开采与管理力度的增强,好转趋势愈加显著。尤其是 2013 年全面停止矿山开采至今,东江源区土地荒漠化现状得到了明显的改善,生态环境质量显著提高。这说明,近年来政府实施的各项恢复生态的措施在东江源区有了很好的验证。

3.3.4 东江源区土壤侵蚀分析与评价

1. 东江源区土壤侵蚀空间分布

RUSLE(修正版通用土壤流失方程)是表示坡地土壤流失量与其主要影响因子间定量关系的侵蚀数学模型。RUSLE 模型综合考虑了降雨、土壤种类、地形、植被覆盖度以及不同的土地利用类型对土壤侵蚀的影响,充分体现了多重主要侵蚀因子影响下的土壤侵蚀结果,能够对区域土壤侵蚀作出较为客观、真实、全面、准确的定量评价。基于 RUSLE 模型对东江源 1995~2017 年的土壤侵蚀进行估算,最终得到土壤侵蚀结果如图 3.3-7 所示。

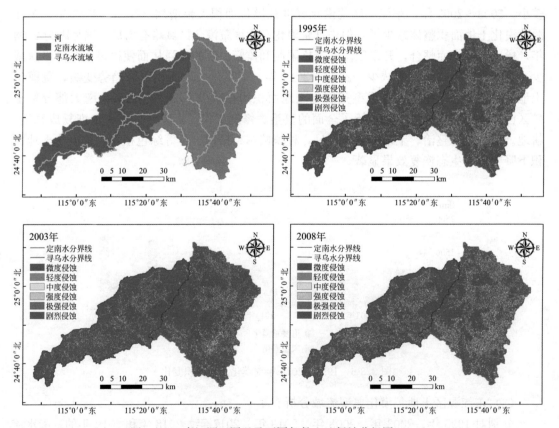

图 3.3-7 东江源区图以及不同年份土地侵蚀分级图(一)

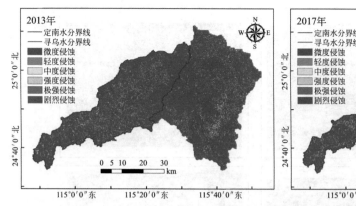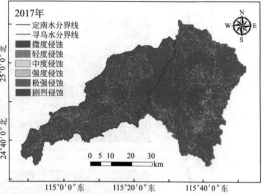

图 3.3-7 东江源区图以及不同年份土地侵蚀分级图（二）

从图 3.3-7 可以看出，东江源土壤侵蚀较严重的区域主要集中在寻乌水流域，主要原因可能是因为该范围内存在着矿区，造成了更为严重的土壤侵蚀。而定南水流域在耕地和城镇开发区域也存在着部分较严重的土壤侵蚀。

为了对土壤侵蚀结果进行定性的对比分析，在遥感影像上选取了四处侵蚀比较严重的区域，它们的土壤侵蚀结果与对应位置的影像对比如图 3.3-8 所示。

通过对比图 3.3-7 可以发现，剧烈侵蚀的区域主要分布在矿区、耕地、建设用地这些区域。由此，分析出了引起严重土壤侵蚀的重要原因之一，治理土壤侵蚀应加强对这些土地利用类型的管理，合理利用和开发土地。

2. 东江源区土壤侵蚀时序分析

对东江源区 1995~2017 年的土壤侵蚀强度变化情况做出分析，得出整个区域的侵蚀情况及寻乌水和定南水流域范围内的侵蚀情况。分析得出不管是从整体还是局部来看，1995~2017 年的土壤侵蚀情况都有所缓解，生态环境治理取得一定成效。其中，在 2008 年之前土壤侵蚀都较为严重，而从 2008 年后严重土壤侵蚀程度有所下降。主要原因是，自 2008 年以来，退耕还林、封山育林、稀土矿区复垦等政策的实施，使得东江源区的生态环境质量有了较为明显的改善和提升，土壤侵蚀得到了有效缓解，生态恢复效果显著。

3. 东江源区土壤侵蚀与水资源变化分析

提取出东江源区主要河流的汇水区，并将东江源区的土壤侵蚀结果图与东江源区水系图进行空间叠加，得到不同时段内东江源区土壤侵蚀结果在东江源区水域范围内的变化动态。分析得出东江源土壤侵蚀区域基本上与东江源水系的分布一致，严重侵蚀区域也基本是分布在河流两岸。

接下来，具体分析土壤侵蚀与水资源的变化是否存在着一定的关系。根据现有的定南水系中的九曲河流量数据，通过计算出九曲河流域范围内的土壤侵蚀模数的平均值，与九曲河在不同时段内的平均流量情况进行对比分析。

通过分析，九曲河流域内平均流量与平均侵蚀模数随时间变化的走势基本一致。为了进一步验证这一结果，对包含稀土矿区的寻乌水系作出分析，寻乌水主干流流域在 2013 年和 2017 年的平均流量分别为 $26.2\text{m}^3/\text{s}$ 和 $27.4\text{m}^3/\text{s}$，可以看出水土侵蚀程度也是进一

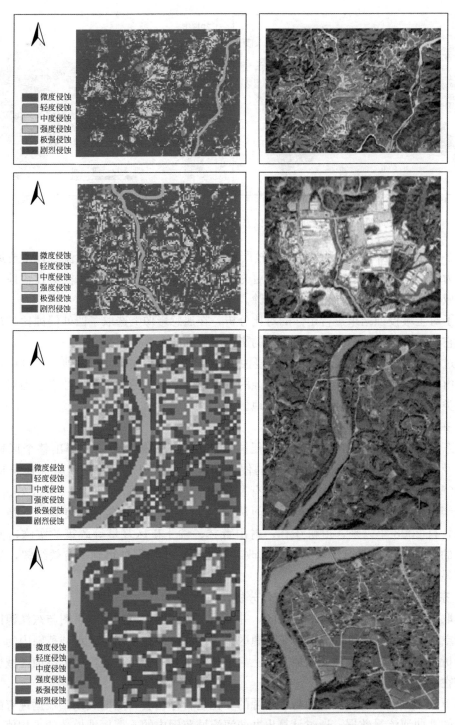

图 3.3-8　区域土壤侵蚀结果与对应位置遥感影像对比图

步加剧了的。由此说明水资源的变化情况对土壤侵蚀结果还是存在较大影响，治理土壤侵蚀可从水资源管理着手。

3.3.5 东江源区土地利用现状提取及分析

从 1991～2019 年的数据，前 20 年以 10 年为一个周期单位对东江源数据进行分类处理，后期由于人工开发东江源区，对其观测周期加密。

(1) 东江源土地利用分类结果（表 3.3-2）

1991 年各类土地利用类型面积统计　　　　　　　　　　　　　表 3.3-2

土地利用类型	东江源总面积（km²）	寻乌水面积（km²）	定南水面积（km²）
水域	24.9561	12.2715	12.6846
耕地	202.0662	98.9883	103.0779
林地	2664.6381	1413.4896	1251.1485
建设用地	82.0557	32.6421	49.4136
园地	799.7166	390.2076	409.509
裸地	77.7609	49.5747	28.1862

(2) 东江源土地利用变化分析

根据得到的六年土地分类结果，选取 2000 年、2010 年、2019 年三年的遥感影像作土地利用变化监测分析，得到东江源区土地利用类型变化分析结果。

2000～2010 年东江源林地变化从整体来看，在这十年中，林地变化较大，且大多转变为园地，部分转变为耕地和裸地，如寻乌流域的北部地区，从 2001 年开始就大力开发"江西寻乌县澄江脐橙基地"等，所以果园面积增长，变化为其他土地利用类型较少。

根据寻乌和定南水两大流域的各地物变化统计表可知：2000～2010 年寻乌流域的林地类型大部分转变为园地类型，园地增加了约 201.37km²。部分变为耕地类型，耕地增加了 51.73km²，变化情况由大到小为园地＞耕地＞建设用地＞裸地＞水域。2000～2010 年定南水流域的林地类型大部分转变为园地类型，园地增加了约 180.57km²，定南部分变为裸地类型，裸地增加了 30.17km²，转变为其他土地类型较少。变化情况由大到小为园地＞裸地＞耕地＞建设用地＞水域。

2000～2010 年东江源园地变化从整体来看，在 2000～2010 这十年中，园地变化也较大，且大多转变为林地，部分转变为耕地和建设用地，变化为其他土地利用类型较少。2000～2010 年寻乌流域的园地类型大部分转变为林地类型，林地增加了约 138.25km²，部分转变为耕地和建设用地，分别增加了 38.27km²、33.81km²，变化情况由大到小为林地＞耕地＞建设用地＞裸地＞水域。2000～2010 年定南水流域的园地类型大部分转变为林地，林地增加约 204.16km²，部分变为裸地，增加约 30.09km²，其余部分变化较小，变化情况由大到小为林地＞裸地＞建设用地＞耕地＞水域。

从整体来看，在 2000～2010 这十年中，相比林地和园地的变化，裸地变化不大，且大多转变为园地，部分转变为耕地和建设用地，变化为其他土地利用类型较少。

2000～2010 年寻乌水流域的裸地类型大部分转变为园地类型，园地增加了约 60.59km²，部分变为耕地和建设用地，分别增加了 22.00km²、15.79km²，变化情况由大到小为园地＞耕地＞建设用地＞林地＞水域。2000～2010 年定南水流域的裸地类型大部分转变为园地，园地增加了约 42.71km²，部分变为耕地类型，耕地增加了 18.52km²，转变为建设用地类型 9.79km²、林地类型 8.39km²，水域类型变化较小，为 0.1233km²。

变化由大到小为园地＞耕地＞建设用地＞林地＞水域。

由上述数据统计结果发现，林地、裸地、园地三类地类的变化较明显。

（3）东江源稀土土地重利用分析

综合 2018 年东江源矿区损坏土地重利用情况分析，这与政府推进矿山地质环境恢复措施的实行具有很大关系。查阅相关新闻报道，赣县、信丰、龙南、全南、安远、寻乌、大余及定南等市（区）证外废弃稀土矿山已纳入了赣州市山水林田湖 2017 年度项目，截至 2017 年 12 月，10 个中央财政支持的废弃稀土矿山治理项目中，9 个项目已完成竣工验收，1 个项目正在施工；2018 年，稀土矿山治理项目竣工验收。赣州市加大对废弃稀土矿山进行复绿治理，将废弃稀土矿山恢复成林地、耕地。通过地形整治、土地平整与复垦、种植桉树、松树、草等绿色植物。矿区植被覆盖率由治理前的 4% 提高到 70% 以上，矿区周边的群众生产生活环境得到了明显改善。同时，结合地方工业园建设，将废弃稀土矿山治理成建设用地。通过地形整治、土地平整、修建挡土墙等工程，直接治理成建设用地，为地方政府提供了工业用地保障，促进了产业转型升级。截至目前，已提供工业建设用地 4.5km²，取得了明显的经济效益。

3.3.6 东江源区生态安全格局分析

最小累积阻力模型（MCR 模型）是指从某个特定的"源"点经过不同的阻力单元到达目标地，所克服的总阻力，与传统的空间模型不一样的是，MCR 模型所识别的总阻力不是两点间的最短距离，而是通过不同景观单元时，对物质、能量流的耗损最小的距离，即穿越该景观单元的难易程度。基于 MCR 模型判读出的生态安全格局组成成分有辐射通道、生态廊道、生态节点，再组合生态源地形成东江源区生态安全格局，如图 3.3-9 所示。生态安全格局的构建可以使人们对区域内的生态环境有直观的认知，能够有效指导人类在此区域的生产生活活动。尤其对关键位置采取有力的生态环境修复措施，有助于整个生态区域生态环境的快速恢复，缓和经济发展与生态保护间的剧烈冲突与矛盾，实现社会效益与经济效益最大化，合理规划生态用地与和非生态用地。

根据构建出的 1995～2017 年的东江源区生态安全格局（图 3.3-9），生态源地斑块个数分别为 4、6、4、3、3，生态廊道个数分别为 6、15、6、3、3，生态节点个数分别为 6、15、6、3、3。

评价一个区域生态安全格局的优劣不能仅从各生态组分个数的多少进行衡量，应将所有组分的情况进行综合考虑。这里以 1995 年和 2003 年进行比较为例进行说明，虽然 2003 年生态源地斑块、生态廊道、生态节点个数都比 1995 年多，但 2003 年的生态源地基本上是 1995 年生态源地受到人为扰动后大面积源地斑块破裂为几个部分的小源地斑块，且西南侧林地斑块受到扰动后面积变小，从而整个区域的阻力值较 1995 年更高。且 2003 年较之 1995 年，辐射通道的数量和长度都有了明显的增加，说明 2003 年该区域生态环境可恢复的空间更大，但从另一方面也说明 1995 年的生态安全格局更加安全稳定。1995 年、2008 年因生态源地在研究区内分布均匀，其整体阻力值偏低；2003 年、2013 年、2017 年生态源地多分布于三县交界处的研究区中部，研究区东南侧、东北侧、西南侧仅为小林地斑块，其整体阻力值偏高。所以以这种综合考虑的标准对 5 个年份的生态安全格局做出评价，按稳定安全性排序为：1995＞2008＞2003＞2017＞2013。

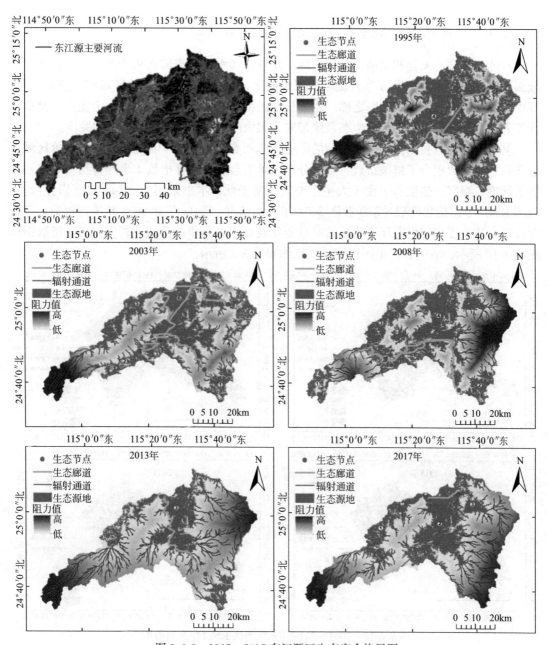

图 3.3-9　1995～2017 东江源区生态安全格局图

　　本区域在经济发展前期（1995～2008 年），生态环境在受到扰动后，自我恢复能力较强，但随着时间的推移，生态环境问题逐渐突显，随后相关部门在《国务院关于支持赣南等原中央苏区振兴发展的若干意见》的指示下出台了一系列封山育林、植被复垦等保护措施。生态环境的恢复与治理是一个相当漫长的过程，江西省在 2008 年时出台东江源保护区生态保护"以奖代补"政策，提高了当地生态保护的积极性，但对生态环境的治理未达到明显成效，江西、广东两省在 2016 年签订《东江流域上下游横向生态补偿协议》加大生态投资，至 2017 年东江源区生态环境恢复稍有成效。当地生态环境监管部门当前的主要工作还是应该放在增加林地面积，为物种创造适宜的栖息地条件，增加更多的生态源地。

3.3.7 东江源区遥感生态指数提取及分析

江西省寻乌、安远和定南三县位于珠江流域东江水系的流域面积 3524km², 占东江流域面积的 13%, 该区域属于东江流域的河源地区, 简称东江源区。该区域矿产资源丰富, 其中寻乌县素有"稀土王国"之称。由于长期的稀土开采, 并且伴随着水土流失、乱砍滥伐等人为措施导致东江源区的生态系统带来了很大的破坏, 并引起了广泛的关注。

基于遥感信息技术提出一个新型的遥感生态指数(RSEI), 以快速监测与评价区域生态质量。该指数耦合了植被指数、湿度分量、地表温度和土壤指数 4 个评价指标, 分别代表了绿度、湿度、热度和干度 4 大生态要素。基于此, 本书采用 Landsat 遥感影像数据, 利用 RSEI 生态指数模型对东江源区 2001 年、2010 年、2018 年和 2019 年进行提取, 分析近些年高速发展期间生态环境状况的时空变化及原因。每年的合成指标及 RSEI 指数图如图 3.3-10 所示。各生态类型面积统计结果如表 3.3-3 所示。

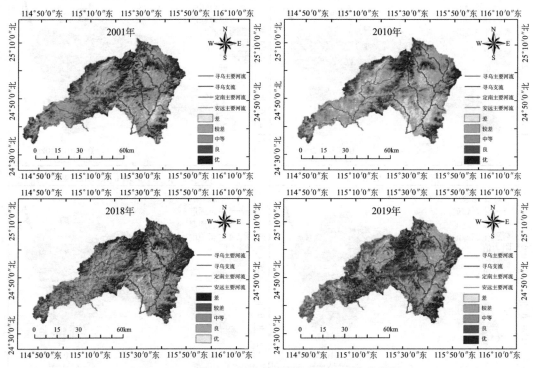

图 3.3-10　2001～2019 年东江源区 RSEI 生态指数图

2001～2019 年间各 RSEI 等级面积及其百分比　　　　　表 3.3-3

等级	2001 年		2010 年		2018 年		2019 年	
	面积 (km²)	百分比 (%)	面积 (km²)	百分比 (%)	面积 (km²)	百分比 (%)	面积 (km²)	百分比 (%)
优	391.14	11.16	276.56	7.89	641.14	18.30	663.52	18.94
良	1079.58	30.81	777.58	22.19	1049.05	29.94	1100.59	31.41
中等	1137.10	32.45	885.32	25.27	945.95	27.00	918.18	26.20
较差	689.00	19.66	1035.64	29.55	602.28	23.54	576.10	16.44
差	207.30	5.92	529.04	15.10	265.70	7.58	245.74	7.01

统计结果表明，2001～2019 年间，该区域 RSEI 值呈现先降低后增加的趋势。从表中可看出，RSEI 中等以下等级所占比例之和 2001 年为 58.03％，2019 年为 49.65％，呈逐渐下降趋势；良等级以上所占比例呈逐渐上升趋势，优等级增加缓慢，约 8％。然而 2018 年较差以上等级均高于 2010 年、2019 年，说明 2001～2018 年期间研究区生态环境质量处于下降期，在 2018～2019 年有所改善。

2001 年在政府的引导下，果业开发进入全面提升和规范化管理阶段，在这一时期注重生态保护，对果树科学施肥、防治病虫害，切实提高绿色果品生产水平。前阶段注重开发，忽视了规范管理，大规模的山地开发造成短期的水土流失，一般在果园建设初期 2～3 年，土壤裸露，水土流失较为严重。2010～2018 年生态环境质量恶化，主要原因是植被破坏、不合理的开垦利用土地、矿山开采和基础设施建设等造成水土流失。导致总体上生态环境质量处于下降趋势。生态环境等级差与较差的面积主要集中于东江源流域及周边区域，体现了水土流失对东江源流域及周围环境的影响，其面积持续增长。由于近几年国家出台的相关政策，对东江水系的水土流失治理重点做好综合治理、崩岗防治和水土保持生态修复，并以小流域为单元，生物措施、工程措施与耕作措施结合进行综合治理，东江源区生态修复治理任务，主要做好轻度、中度水土流失的治理和水源涵养地的保护工作，通过严格控制采薪伐林、毁林种粮，强化林草植被系统地保护和恢复，加强废弃矿区生态系统恢复和土地复垦，促进水资源的可持续利用。优、良等级区域在 18 年间持续减少，炼山造林、坡面耕种、陡坡开荒、不规范的果业开发和顺坡耕种等造成和加剧水土流失，导致生态环境受损严重。

从总体来看，近些年对于东江源治理效果颇有成效，整个流域生态环境整体良好，植被覆盖度较高，生物多样性较丰富。从 RSEI 生态指数分级图可以看到，近年来通过推动环境生态治理，生态环境质量将呈现逆转趋势，恢复原有环境指日可待。

3.3.8 东江源区经济林提取

经济林有狭义与广义之分。广义经济林是与防护林相对而言，以生产木料或其他林产品直接获得经济效益为主要目的的森林。它包括特用经济林、薪炭林等。狭义经济林是指利用树木的果实、种子、树皮、树叶、树汁、树枝、花蕾、嫩芽等等，以生产油料、干鲜果品、工业原料、药材及其他副特产品（包括淀粉、油脂、橡胶、药材、香料、饮料、涂料及果品）为主要经营目的的乔木林和灌木林；是有特殊经济价值的林木和果木。如木本粮食林、木本油料、工业原料特用林等。

东江源区亚热带季风湿润气候，经济作物有蜜橘、脐橙等果树，果园的生产活动及开采为东江源区带来了巨大的经济效益，在此以园地作为东江源区的经济林，并结合实际进行分析。

1. 首先获取 2017 年以及 2018 年 sentinel-2 数据，采用随机森林方法对东江源区土地利用进行分类并提取园地。

如图 3.3-11 和图 3.3-12 所示，东江源区植被覆盖情况良好，平均植被覆盖度超过60％，将植被分为林地、耕地以及园地三类。2017～2018 年东江源区园地面积增加，增加地域主要集中在孔田镇，三百山镇以及寻乌县，但由于所用年份相近，变化并不十分明显。

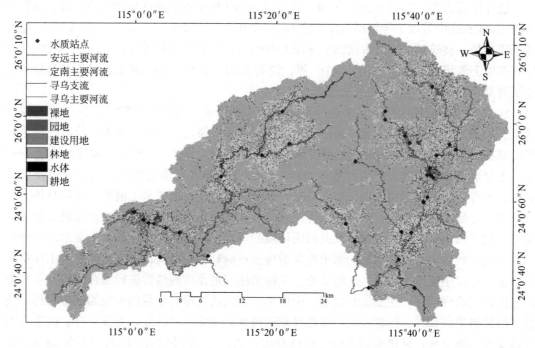

图 3.3-11 2017 年东江源区土地利用分类叠加水系

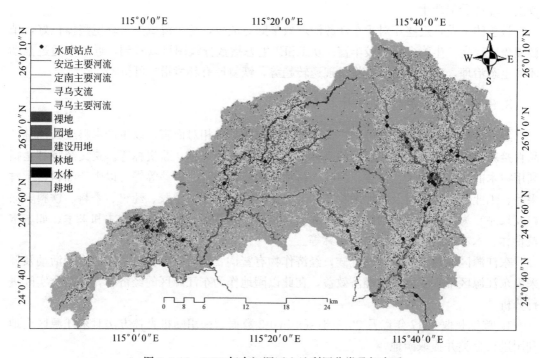

图 3.3-12 2018 年东江源区土地利用分类叠加水系

2. 将土地利用分类现状与谷歌影像对比，sentinel-2 数据分类效果良好，精度能够达到很好的要求，Kappa 系数大于 0.9（表 3.3-4）。

研究区土地利用分类解译　　　　　　　　　表 3. 3-4

土地利用现状分类	高分影像	解译
建设用地		
裸地		
水体		
林地		
耕地		
园地		

3. 东江源区属于红壤丘陵区，适宜脐橙等经济作物的种植，园地总面积约 188.80km^2，种植主要分布于水系周边，并且遍布整个东江源，安远县、定南县以及寻乌三县均大量种

植，其中以寻乌县园地种植居多。园地的生产及开发为整个地区的经济发展带来了活力，其中"赣南脐橙"是我国著名的水果品牌，素有"中华第一果"之称。"赣南脐橙"区域品牌价值突破 600 亿元，在区域榜单排名中，位列水果类产品品牌第一名。"赣南脐橙"产业集群具有很强的典型性，是改革开放后我国农村特色产业发展的一个缩影。其发展不仅得益于当地得天独厚的自然环境，也得益于"品牌"和"科技"这些高级生产要素的培育，还得益于政府的协调和支持，赣州各级政府为脐橙产业发展创造了良好的环境。在优越的地理环境条件下要东江源合理利用初级生产要素，培育高级生产要素，积极满足市场要求，在政府的支持和协调下快速地发展经济。

第4章
东江源流域水文
水资源

4.1 调查方法

4.1.1 水文资料统计分析

项目针对东江源区的水文水资源状况，收集整理了源区各县水文站点的观测资料。利用水文过程分析、水文频率分析、水文相关分析等统计方法，得出东江源区降雨量的时空分布、径流变化规律、水位变化特征、输沙量以及土壤墒情状况。水文资料统计分析方法也应用于水资源评价。

4.1.2 河道断面测量与洪水调查

水文大断面通常是指在测验河段内进行水文要素测量的横断面。大断面测量成果直接影响流量测验、洪水分析及淤积计算等。目前针对水文测验大断面的测量方法很多，例如全站仪配合测深仪、RTK 法配合测深仪、多波束法、精密单点定位技术等。全站仪配合测深仪法属于传统测绘方法，其中全站仪容易实现陆地部分地形测量，但水下部分很难保证全站仪测量的平面位置与测深数据的一致性。RTK 法配合测深仪在数据采集上保证同步，获取的数据较为密集，但也很难保证测点位于断面线上。多波束法适合水深较深、水面开阔的河段或江面，然而仪器设备较为昂贵，且受作业环境影响较大。

本次测量主要采用 GNSS-RTK 测量法配套使用江西省 CORS 系统，可同时为多个作业队伍提供厘米级的定位服务。测量的坐标系统采用 WGS-84，高程系统采用 1985 国家高程基准。

1. 断面布设与测量

每组断面至少测量 1 个纵断面和 1 个横断面（其中横断面应横穿居民区）。横断面布设选择较顺直河段布设，并在横断面左岸或右岸基点留设固定标志。纵断面测量沿沟道深泓线施测，并向上下游断面外各延伸 $100\sim200$m，由于本次断面布设均在大江大河，在条件不允许的情况下，纵断面测量改为水面线施测。

2. 纵、横断面的施测

如图 4.1-1 断面采用 GPS-RTK 法直接采集数据，以左岸断面桩的起点作为横断面的基点（即起点距的零点），河道横断面施测不少于 8 个特征点，测量断面特征点的最大距离不得大于 5m，断面水上部分测至历年最高洪水位 $0.5\sim1.0$m 以上。

纵断面特征点间距不大于 10m。对于有堤防的河流应测至堤防背河侧的地面；对于无堤防而洪水漫溢至与河流平行的铁路公路围圩时则测至其外侧。当沟道断面穿过建筑物、构筑物时，断面上应增加特征点，如断面穿过堤防时，断面上增加堤顶点和堤底点；如穿过阻隔河道的建筑物时，断面上增加建筑物边界点；如穿过阻水树林时，断面上增加树林边界点。

现场调查测量洪痕高程，测量河道水面比降，实地走访、RTK 测量。本项测量任务是对东江源区三县洪水淹没区内典型和重要的沿河村落和城（集）镇详查范围内的典型洪痕进行测量，为本次分析工作提供历史山洪资料。在沿河村落测量的控制断面上找到一个永久性建筑物，通过实地走访、查阅历史资料等方式确定曾经受灾的历史洪痕位置，并通

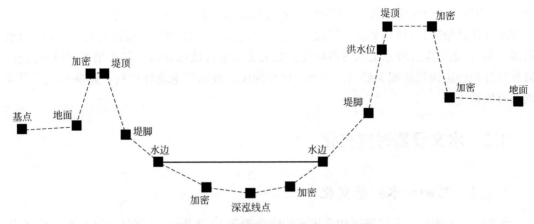

图 4.1-1　河流断面特征点选取示意图

过仪器测量得到经纬度和高程，同时进行标绘和拍照记录。测量方法、精度、系统等与河道断面测量标准保持一致。

对中华人民共和国成立以来发生的历史山洪灾害记录，对具有区域代表性的典型场次洪水，要按照历史洪水调查相关要求进行现场调查，考证洪水痕迹，对洪痕所在河道断面进行测量，并收集相应的降雨资料，估算洪峰流量和洪水重现期，编写洪水调查报告。整个外业调查过程按照"初步确定范围→资料对比→精确确定乡镇、村→外业实地调查"的洪水调查思路。

采用水文比拟法计算设计洪水，分段计算各频率下的洪峰流量，按所测断面资料用曼宁公式计算水位流量关系，由流量推求各频率的洪峰水位，划出各河段的设计洪水水面线，与沿河村落房屋高程进行比较，划分受灾等级和防洪现状。

4.1.3　水资源量评价分析

水资源评价是对区域或流域水资源的数量、质量、时空分布特征等做出分析评估。本章的评价对象是东江源区及其两大流域（定南水、寻乌水）的水资源的数量、质量状况，同时从东江源出境水量和水资源承载能力两个角度有针对性的揭示东江源水资源的重要意义。

水资源评价分析包括水资源的数量和质量评价。水资源数量评价针对水资源量，即地表水资源量、地下水资源量、水资源总量。其中地表水资源量采用河川径流量，地下水资源量采用河川基流量，水资源总量为两者之和再扣除重复计算部分。水资源质量评价基于水质监测站点的月尺度监测数据，按现行国家标准《地表水环境质量标准》GB 3838 将各年水资源量划分为不同水质类别，从而计算不同水质条件的水资源数量。水资源承载能力综合水量要素和水质要素进行评价，其中水量采用用水总量控制指标、水质采用水功能区水质达标率作为评价指标。水资源评价使用的资料和数据主要包括《赣州市水资源公报》、定南水胜前水文站和寻乌水水背水文站的流量监测数据以及其他相关的社会经济资料和数据。

4.1.4　文献调查和走访调研

项目实施过程中也采用文献调查和走访调研的方法，是上述方法的重要补充。文献调查参阅了《江西河湖大典》《定南县山洪灾害调查评价报告》《定南县洪水淹没区调查评价报告》《安远县山洪灾害调查评价报告》《安远县洪水淹没区调查评价报告》《寻乌县山洪灾害调查评价报告》《寻乌县洪水淹没区调查评价报告》《江西省水资源公报》《赣州市水资源公报》，也对东江源水文水资源研究的相关文献进行梳理分析，获取相关资料和信息。另外通过调查走访当地相关部门、当地居民及渔民，查阅当地统计资料，完善水文水资源的调查成果。

4.2　水文要素时空变化

4.2.1　降雨（水）量变化

如图 4.2-1 所示，东江源区的多年平均降雨量为 1617.4mm，年际变化显著，近 60 年来降雨量最大为 2457.0mm（2016 年），降雨量最小为 998.0mm（1991 年），极值比约为 2.5，变异系数 0.2。从长期趋势看，东江源区降雨量呈现微弱的上升趋势。在季节分配上，1～6 月降水量逐渐增加，7～12 月降水量呈现递减趋势；其中 4～6 月降水量占全年的 44%，尤其是 6 月降水量最大，降水较为集中。空间分布上表现为山地较高、平原和盆地较低的格局。寻乌水和定南水交界区域多年平均降水量最大，超过 1620.0mm，其次为寻乌水其他区域以及定南水流域东侧山地区域，多年平均降水量约为 1600.0～1620.0mm，如图 4.2-2 所示，定南水流域中部和西部降水量较少，多年平均降水量小于1560.0mm。如图 4.2-1、图 4.2-2 所示。

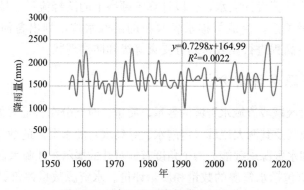

图 4.2-1　东江源区历年降雨量变化

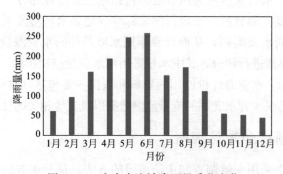

图 4.2-2　定南水流域降雨量季节变化

4.2.2　径流变化

东江源区定南水胜前（二）站年平均流量和年最低流量没有显著变化趋势，年最大流量呈现显著减少趋势，每年平均减少 2.39m³/s（图 4.2-3）。寻乌水水背站年平均流量、年最低流量和最高流量没有显著变化趋势（图 4.2-4）。季节分配上表现为 1～5 月月均流量增加，5～6 月月均流量最大，7 月月均流量锐减，8 月月均流量略有上涨，9～12 月月均流量减少。水文情势变化方面，2000 年后定南水胜前（二）站的流量的季节分配与2000 年之前存在较大变化，1 月、2 月、3 月、5 月、10 月的月均流量表现为中度改变（改变度 33%～67%），12 月均流量属于重度改变，3 月、4 月流量中值减少 23%～30%，8 月流量中值和 12 月流量中值增加达到 37%。与此类似，2000 年后寻乌水水背站流量的季节分配与 2000 年之前存在较大变化，3 月、4 月月均流量表现为重度改变（改变度76%），9 月均流量表现为中度改变，1 月、6 月、10 月改变度达到 29%，接近中度改变水平。2000 年后 3～6 月均流量的中值比 2000 年前偏低 7%～50%，7～12 月均流量中值偏高约 8%～36%。如图 4.2-3、图 4.2-4、表 4.2-1、表 4.2-2 所示。

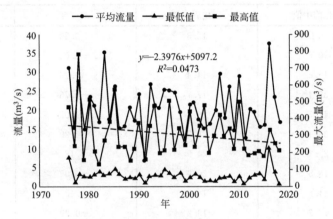

图 4.2-3　定南水胜前站流量年际变化

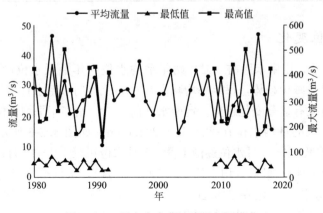

图 4.2-4　寻乌水水背站流量年际变化

定南水胜前（二）站 IHA 指标改变度评估　　　　　　　表 4.2-1

月份	变化前中值	变化后中值	改变度（%）	变化率（%）
1月	5.3	5.1	−52.6	−3.8
2月	6.6	6.3	−36.8	−3.5
3月	10.6	7.3	−36.8	−30.9
4月	20.8	15.9	10.5	−23.6
5月	24.7	22.7	−36.8	−7.9
6月	25.2	25.9	−5.3	2.7
7月	14.1	17.5	26.3	24.6
8月	12.8	17.6	−29.8	37.5
9月	12.8	13.3	10.5	4.3
10月	7.7	8.5	−36.8	11.0
11月	6.5	7.2	−1.8	10.9
12月	5.6	7.7	−68.4	37.3

寻乌水水背站 IHA 指标改变度评估　　　　　　　表 4.2-2

月份	变化前中值	变化后中值	改变度	变化率（%）
1月	8.1	12.3	−0.29	52.6
2月	10.6	11.9	−0.05	12.8
3月	15.6	14.4	−0.76	−7.7
4月	35.4	17.7	−0.76	−49.9
5月	42.5	29.6	−0.05	−30.4
6月	38.1	28.2	−0.29	−26.1
7月	22.2	24.9	0.18	12.2
8月	18.5	20.9	−0.05	13.0
9月	14.8	16.7	0.42	13.2
10月	12.2	13.2	−0.29	8.2
11月	10.7	12.5	−0.05	16.8
12月	8.9	12.1	0.18	36.0

4.2.3　水位变化

如图 4.2-5 所示，定南水胜前（二）站年平均水位和年最低水位没有显著变化趋势，年最高水位呈现显著减少趋势，每年平均减少 0.05m。寻乌水系水背站年平均水位、年最低水位和最高水位没有显著变化趋势。定南水胜前（二）站多年平均水位变化在 224.40～225.10m，其中 50% 的日均水位在 224.50～224.60m。如图 4.2-6 所示，季节上表现为 1～3 月水位变化较低，4～6 月水位逐渐上涨，7 月水位锐减，8～12 月水位较低。最大月均水位 224.90m（6 月），最低月均水位 224.50m（3 月），水位季节变幅 0.37m。寻乌水系水背站多年平均水位变化在 219.20～219.90m，其中 50% 的日均水位在 219.40～219.60m。季节上表现为 1～6 月水位逐渐上涨，7 月水位锐减，8～12 月水位递减。最大月均水位 219.70m（6 月），最低月均水位 219.30m（12 月），水位季节变幅 0.45m。

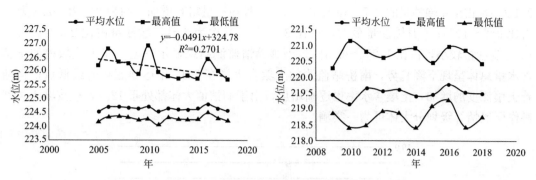

图 4.2-5　定南水和寻乌水水位年际变化

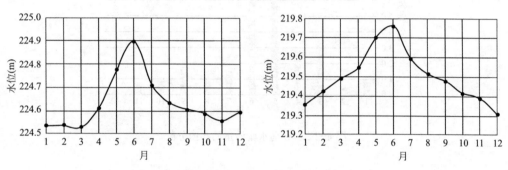

图 4.2-6　定南水和寻乌水水位季节差异

\

4.2.4　输沙量及土壤墒情变化

如图 4.2-7 所示，寻乌水水背站 2009～2018 年输沙量呈现显著的上升趋势，其中 2016 年输沙量最大，约为 90 万 t，2018 年输沙量最小，约为 9 万 t。年输沙量的增长率平均达到 1.18 万 t/年。如图 4.2-8 所示，季节分配上，1～2 月输沙量较少，分别为 0.8 万 t、

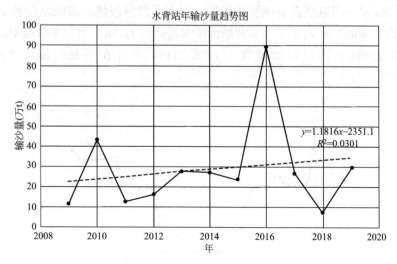

图 4.2-7　寻乌水输沙量年际变化

0.4万t，占全年输沙量的2.7%和1.5%；3～4月输沙量略有增加，约为2.6万～2.8万t，占比9%～10%；5月输沙量最大，占比31.8%，其次为6月，输沙量占比23.3%。7～12月输沙量较小，占比1.2%～6.3%。土壤墒情监测结果显示，近5年来流域内的土壤含水量总体呈现下降趋势，南桥站监测的土壤含水量在2017年达到五年的最低点；且随着土壤深度的增加，土壤含水率也逐渐增加，由于墒情值大体都处于12%，故按壤土类型耕作层墒情等级划分大体可为一类墒。

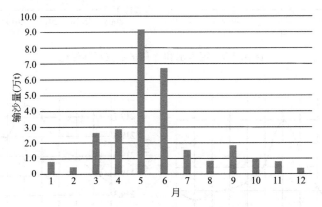

图4.2-8 寻乌水输沙量的年内分配

4.3 洪水和旱情调查

4.3.1 洪水调查

项目对东江源区不同河段共28个水文断面进行了调查，绘制了定南水、寻乌水代表性河段的水位-过水面积、水位-水力半径关系曲线，阐明了不同河段的河床断面结构特征。如图4.3-1、图4.3-2所示，定南水干流镇岗最大河宽约150m，最大水深达6.7m，最大过水面积约664m²；河道断面呈现复式结构，存在明显河漫滩，漫滩水位约272.5m，此时平均水深约1.80m。寻乌水干流水背断面最大河宽约113m，最大水深达15.90m，最大过水面积约1258m²；河道断面呈现U字形结构，不存在明显河漫滩。如图4.3-3、图4.3-4所示。

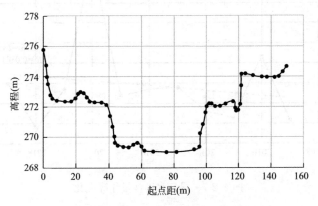

图4.3-1 定南水镇岗大断面

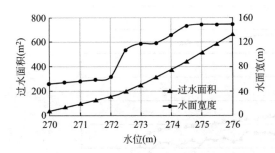
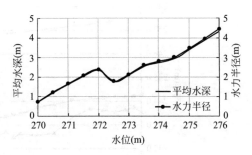

图 4.3-2　定南水镇岗断面水位-过水面积、水位-水力半径关系

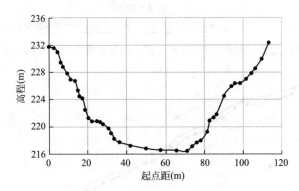

图 4.3-3　寻乌水水背大断面

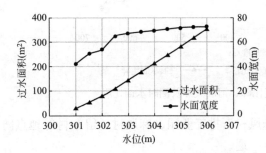
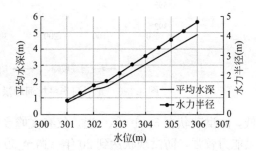

图 4.3-4　寻乌水水背断面水位-过水面积、水位-水力半径关系

　　针对历史山洪发展规律，选择定南县鹅公镇高湖村（柱石河流域）和寻乌县桂竹帽镇华星村（龙图河流域），探明了河段纵横剖面特征、建立了洪峰水位关系，最终得到历史山洪的洪峰流量、流速和重现期。如图 4.3-5 所示，定南县 2010 年 5 月 5～7 日暴雨形成的洪水在高湖村控制断面处的洪峰流量为 $688m^3/s$，平均流速为 3.20m/s，重现期 200 年。如图 4.3-6 所示，寻乌县 2008 年 7 月 30 日暴雨形成的洪水在华星村控制断面处的洪峰流量为洪峰流量为 $327m^3/s$，平均流速为 1.97m/s，重现期 15 年。

　　项目以下历水历市镇河段和寻乌水石排河段为详细调查对象，对典型河段防洪现状进行系统分析，查明了河段糙率、水力半径等水力要素，揭示了河段不同重现期的洪水淹没规律和防洪现状。如图 4.3-7 所示，下历水 5 年一遇的洪水威胁恩荣村上屋，10 年一遇的洪水威胁中沙村、恩荣村下兰、富田村新屋等，城北居委会、恩荣村定南第三中学等地点防洪现状约为 20～50 年一遇。如图 4.3-8 所示，寻乌水石排河段大部分地点防洪能力较

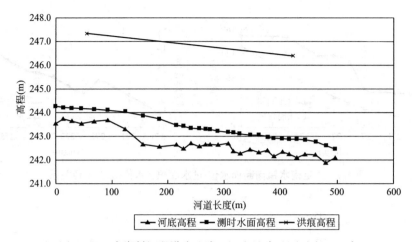

图 4.3-5 高湖村河段洪痕比降、河底坡降及测时水面比降

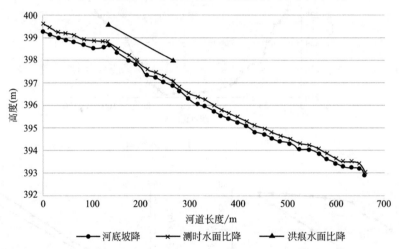

图 4.3-6 龙图河华星村河段洪痕比降、河底坡降及测时水面比降

低，防洪现状在 5～10 年一遇，仅有文峰乡麻风村石排工业园、麻风村、留车村等地点防洪能力较强，防洪现状达到 20 年一遇至 50 年一遇。

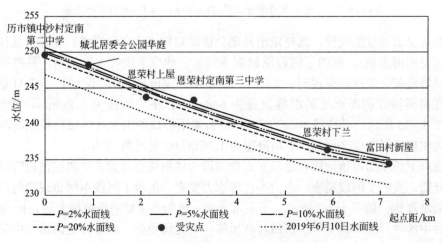

图 4.3-7 下历水历市段水位水面线图

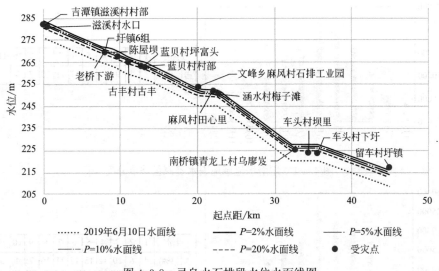

图 4.3-8　寻乌水石排段水位水面线图

4.3.2　旱情调查

如图 4.3-9 所示，对东江源区旱情进行调查分析，结果显示近 70 年属于中度干旱的年份有 3 年，1991 年、1963 年、2003 年，年降雨量距平分别为 -38%、-36%、-31%，轻度干旱的年份有 11 年，其中 2000 年后的 2004 年、2018 年、2009 年、2014 年均属于轻度干旱，年降雨量距平分别为 -22%、-19%、-16%、-15%。

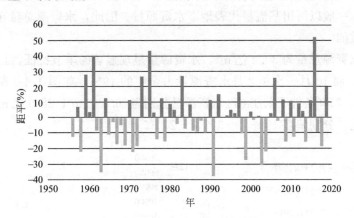

图 4.3-9　东江源面降雨量距平

4.4　水资源评价

东江源定南水流域地表水资源量为 13.2 亿 m³，因降水季节差异，地表水资源量呈现显著的季节特征，4～6 月地表水资源量占全年的 46%，而 10 月～次年 2 月地表水资源量占全年的 17%（图 4.4-1）。寻乌水流域地表水资源量为 17 亿 m³，季节分配上，4～6 月地表水资源量占全年的 42%，而 10 月～次年 2 月地表水资源量占全年的 20%（图 4.4-2）。

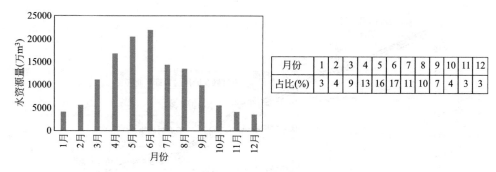

月份	1	2	3	4	5	6	7	8	9	10	11	12
占比(%)	3	4	9	13	16	17	11	10	7	4	3	3

图 4.4-1 定南水流域地表水资源量季节分配

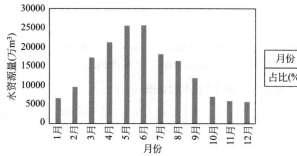

月份	1	2	3	4	5	6	7	8	9	10	11	12
占比(%)	4	6	10	12	15	15	11	10	7	4	3	3

图 4.4-2 寻乌水流域地表水资源量季节分配

由于东江源区属于典型的山丘区，地表水资源量为河川径流量，地下水资源量以排泄量计算，两者相互转化的重复为河川基流量，故不单独对地下水资源量进行评价。东江源区降水丰沛，一般以河川基流量代表地下水资源量。因此，水资源总量在数值上与地表水资源量是一致的。

东江源区水资源总量为 30.2 亿 m³，水资源量呈现显著的季节特征，4～6 月水资源量占全年的 44%，而 10 月～次年 2 月水资源量占全年的 19%。如图 4.4-3 所示，水文频率 $P=25\%$，50%，75% 条件下东江源区水资源量分别为 36.1 亿 m³、28.9 亿 m³、22.9 亿 m³，与多年平均相比，分别偏多 19%、−3%、−23%。

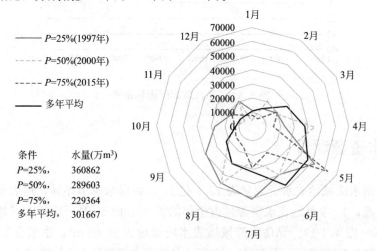

图 4.4-3 不同频率条件下东江源地表水资源量及季节分配

如表 4.4-1 所示，定南水流域水文频率 25％条件下出境水量达 15.3 亿 m³，50％和 75％条件下出境水量分别为 12.3 亿 m³、10.7 亿 m³，丰水年（P＝25％）的出境水量是平水年（P＝50％）和枯水年（P＝75％）的 1.3 倍、1.4 倍；相对而言，寻乌水流域在水文频率 25％、50％和 75％条件下的出境水量分别为 20.5 亿 m³、16.1 亿 m³、13.5 亿 m³，丰水年是平水年和枯水年的 1.3 倍、1.5 倍。

不同频率下东江源区出镜水量　　　　　　　　　　　　　　表 4.4-1

流域	定南水			寻乌水		
设计频率	$P＝25\%$（1997 年）	$P＝50\%$（2000 年）	$P＝75\%$（2015 年）	$P＝25\%$（1985 年）	$P＝50\%$（1994 年）	$P＝75\%$（1987 年）
典型年出境水量(万 m³)	153268	122984	107300	205135	160810	135549

东江源区两大水系出境水量水质整体较好，大部分时期的水质类别为Ⅱ类水；相对定南水系（图 4.4-4），寻乌水的优质水资源的比例更高（图 4.4-5），2018～2019 年仅有 2 个月的水质类别为Ⅲ类水，占比小于 8％。定南水系 2018～2019 年出境水量为 11.7 亿～21.5 亿 m³，其中Ⅱ类水资源量占比 56％～57％。寻乌水系 2018～2019 年出境水量为 10.6 亿～18.7 亿 m³，其中Ⅱ类水资源量占比高达 93％。

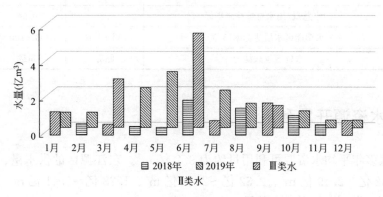

图 4.4-4　定南水出境水量水质类别

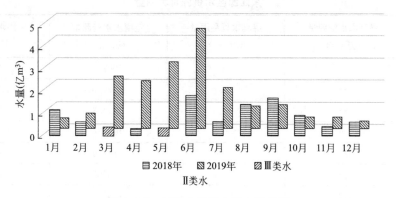

图 4.4-5　寻乌水出境水量水质类别

总体上，东江源各县的水资源承载能力处于临界～超载状态（表 4.4-2），主要表现为用水总量较多、部分水功能区水质达标率偏低。安远县和寻乌县 2016～2018 年水资源承载能力处于临界状态～不超载状态，安远县用水总量控制指标为 1.38 亿 m^3，寻乌县用水总量控制指标为 1.64 亿～1.66 亿 m^3 用水总量占用水总量控制指标的 92%～99%，用水量较高；水功能区的水质达标率为 100%，各水功能区的水质良好。定南县 2016～2018 年水资源承载能力处于临界～超载状态，用水量占用水总量控制指标（1.01 亿）的 86%～95%；水功能区的水质达标率为 33%～100%，部分水功能区的水质不达标，水质状况较差，导致定南水的水资源承载能力处于超载状态。

东江源各县水资源承载能力 表 4.4-2

区域	指标	年		
		2016	2017	2018
安远县	用水总量/用水总量控制指标	0.94	0.99	0.97
	水功能区水质达标率(%)	100	100	100
	水资源承载能力	临界	临界	临界
寻乌县	用水总量/用水总量控制指标	0.92	0.99	0.89
	水功能区水质达标率(%)	100	100	100
	水资源承载能力	临界	临界	不超载
定南县	用水总量/用水总量控制指标	0.86	0.94	0.95
	水功能区水质达标率(%)	33～100	33～100	33～100
	水资源承载能力	临界	超载	超载

4.5 水资源开发利用

东江源区多年平均水资源可利用量约为 9.2 亿 m^3。东江源区的供水量、用水量、耗水量约为 2.32 亿～2.49 亿 m^3、2.32 亿～2.49 亿 m^3、1.28 亿～1.41 亿 m^3。寻乌水和定南水的水资源开发利用状况略有差异（表 4.5-1）。

东江源区水资源可利用量 表 4.5-1

年份	寻乌水水资源量 （万 m^3）	寻乌水可利用量 （万 m^3）	定南水水资源量 （万 m^3）	定南水可利用量 （万 m^3）
1976 年	—	—	206788	62036
1977 年	—	—	107486	32246
1978 年	—	—	171458	51437
1979 年	—	—	107776	32333
1980 年	182001	54600	172326	51698
1981 年	172524	51757	158588	47576
1982 年	161263	48379	126745	38024
1983 年	283568	85070	225724	67717

续表

年份	寻乌水水资源量 （万 m³）	寻乌水可利用量 （万 m³）	定南水水资源量 （万 m³）	定南水可利用量 （万 m³）
1984 年	143930	43179	132207	39662
1985 年	198969	59691	178081	53424
1986 年	131974	39592	114155	34247
1987 年	132408	39722	109065	32720
1988 年	155227	46568	144441	43332
1989 年	155377	46613	139075	41723
1990 年	206019	61806	159182	47755
1991 年	73723	22117	54361	16308
1992 年	218602	65581	173919	52176
1993 年	185735	55721	142011	42603
1994 年	155163	46549	137889	41367
1995 年	191168	57350	182701	54810
1996 年	189400	56820	163017	48905
1997 年	208882	62665	166567	49970
1998 年	155650	46695	137095	41129
1999 年	91254	27376	72900	21870
2000 年	168461	50538	135399	40620
2001 年	147470	44241	138532	41560
2002 年	143122	42937	143980	43194
2003 年	116644	34993	105146	31544
2004 年	97835	29351	93760	28128
2005 年	146985	44096	145011	43503
2006 年	198599	59580	176496	52949
2007 年	161932	48580	124664	37399
2008 年	178184	53455	145317	43595
2009 年	109938	32981	102962	30889
2010 年	217519	65256	186785	56036
2011 年	112968	33890	90137	27041
2012 年	161745	48524	141560	42468
2013 年	159655	47897	146642	43993
2014 年	126952	38086	110743	33223
2015 年	164283	49285	117008	35102
2016 年	291711	87513	260282	78085
2017 年	174311	52293	163189	48957
2018 年	98688	29606	121112	36334
2019 年	186978	56093	218022	65407
平均	163920	49176	144325	43298

注：1976～1978 年寻乌水水资源量与寻乌水可利用量缺失。

4.5.1 寻乌县

寻乌县供水量约为 1.29 亿～1.43 亿 m³（图 4.5-1），其中引水工程供水占比 48.2%，其次为蓄水工程（占比 18.5%）；用水量为 1.33 亿～1.43 亿 m³，其中农田灌溉占比 60.8%，其次为林牧渔畜用水（占比 21.6%）；耗水量为 0.7 亿～0.83 亿 m³，其中农田灌溉耗水占比 54.8%，其次为林牧渔畜耗水（占比 31.9%）。

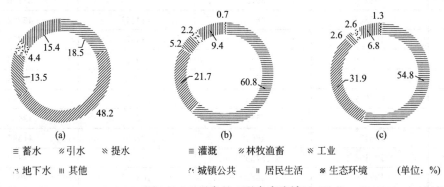

图 4.5-1 寻乌县（寻乌水流域）
(a) 供水结构；(b) 用水结构；(c) 耗水结构

4.5.2 定南县

定南县供水量约为 0.66 亿～0.73 亿 m³（图 4.5-2），蓄水工程供水量占比 70%，其次为提水工程供水量（占比 19.8%）；用水量为 0.66 亿～0.73 亿 m³，其中农田灌溉用水占比 59.7%，其次为林牧渔畜用水（占比 10.6%）；耗水量为 0.32 亿～0.41 亿 m³，其中农田灌溉耗水占比 61.3%，其次为林牧渔畜耗水（占比 18.7%）。

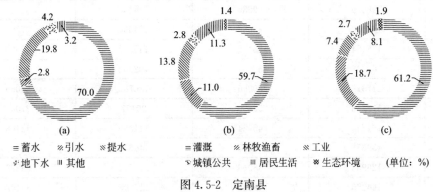

图 4.5-2 定南县
(a) 供水结构；(b) 用水结构；(c) 耗水结构

4.5.3 安远县

安远县供水量约为 0.33 亿～0.35 亿 m³（图 4.5-3），蓄水工程供水量占比 60.5%，其次为提水工程（占比 17.9%）；用水量为 0.33 亿～0.35 亿 m³，农田灌溉用水占比 69.5%，其次为林牧渔畜用水（占比 17.1%）；耗水量为 0.19 亿～0.2 亿 m³，其中农田灌溉耗水占比 63.7%，其次为林牧渔畜耗水（占比 27.2%）。

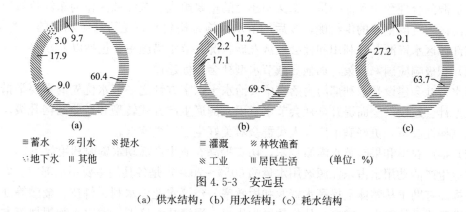

$$\text{(a)} \qquad\qquad \text{(b)} \qquad\qquad \text{(c)}$$

≡蓄水　　※引水　　║提水
地下水　Ⅲ其他

≡灌溉　　※林牧渔畜
※工业　　Ⅲ居民生活　　　（单位：%）

图 4.5-3　安远县

（a）供水结构；（b）用水结构；（c）耗水结构

4.6　节水状况和措施

1. 节水状况

节约用水建设是水生态文明建设的重要组成，也是保护水资源、实现水资源可持续利用的关键环节。通过现场调研、资料分析、专家访谈等途径，项目组针对东江源区三县的节水状况和措施开展调查分析，为今后东江源区水资源利用和保护提供参考。经调查，东江源区的节水状况整体如下：

（1）水利工程调蓄能力较弱，渠道渗漏率较高

定南水和寻乌水及其支流上的水利工程大都位于下游地区，大部分为径流式电站水库，全流域控制性水利工程少，对天然径流的调蓄能力不高。区域内灌区渠系水利用系数低（小于 0.5）。由于大多数蓄水工程老化，漏损率高达 25%～35%。

（2）用水总量有所增加，节约用水效率偏低

东江源区三县用水总量呈现增加趋势，2019 年与 2016 年相比增加约 10%。调查发现，各县实际用水量超过用水总量控制中的规划用水量，尤其是枯水年份，用水总量超标率可达 50%。

农业生产活动用水是东江源区的最主要用水部门，然而农田灌溉多为粗放型用水，灌溉方式多为漫灌、窜灌，跑、冒、漏现象普遍，灌溉水利用率低。在生活及工业生产用水方面，工业生产用水重复利用率低，生活节水器具普及率低，居民节水配套设施更新缓慢，人们整体节水意识相对淡薄。

（3）节水型社会逐步构建，节水状况逐渐好转

2017 年水利部出台关于开展县域节水型社会达标建设的通知，要求各区域结合实际情况开展节水社会建设。东江源区三县积极落实，比如 2020 年出台《寻乌县供水价格改革调整方案》，依据用水量实施居民生活用水阶梯水价，通过调整水价，建立健全合理的水价形成机制，充分发挥价格杠杆调节作用，有效节约和合理配置水资源，促进水资源的可持续利用。同时通过纪念"世界水日""中国水周"等活动，营造节约用水的浓厚社会氛围。

2. 节水措施

水资源的合理利用和保护是生态文明建设的重要组成。东江源区作为东江流域以及粤港澳大湾区水资源重要的供给侧，今后的节水措施是构建水资源可持续利用的重要保障。结合东江源区水资源开发利用和社会经济发展状况，节水措施主要包括以下方面：

（1）积极响应国家政策，加强县域节水型社会达标建设

节水型社会建设是水利部门为落实中央治水十六字方针之一节水优先的重要举措。通过节水型社会建设，全面提升全社会节水意识，倒逼生产方式转型和产业结构升级，促进供给侧结构性改革，更好满足广大人民群众对美好生态环境需求。

（2）推广农田和果园节水灌溉技术，切实提高农业生产活动水资源利用效率

农业生产活动用水占东江源区用水量的60％～70％，是各县的主要用水部门。农业用水效率提高有助于从整体上提高水资源利用效率。建议农业、水利、科技、金融等部门加大节水灌溉技术的引进、推广，从贷款税收优惠、灌溉技术培训、农田水利规划等方面切实增加农田和果园节水灌溉的比例，既提高水资源利用效率也增加农业产量。

（3）加强节水宣传，营造全社会爱水节水意识

应多开展以节水爱水主题的宣传活动。通过召开专题会议、开展能源紧缺体验活动、发放节水宣传资料、张贴宣传画等形式，引导干部群众参与节能减排、节约用水建设，形成节约资源、保护环境、爱护生态的新理念。

4.7 水系关系

寻乌水和定南水的"东江源"源头的物理空间具有一定的相联系，都属于寻乌县大竹岭桠髻钵山的山体两侧山脉峡谷（一侧安远）（图 4.7-1）。两条水系源头的直线距离为

图 4.7-1 寻乌水与定南水水系闭合关联性

6.2km，两条水系的出省断面直线距离为 38.4km，定南水流域在江西省境内长 104km，在广东省流域长 50km，寻乌水流域在江西省境内长 115.4km，在广东省流域长 49km，两条水系由一条山脉的两侧发源，流经江西省广东省，在广东省龙川县枫树坝水库相汇形成东江。

由东江源区定南水胜前（二）站和寻乌水系水背站两个水文站的逐日径流量相关性拟合见图 4.7-2，线性关系的斜率为 0.9057，截距为 7.8917，说明流域内的降雨的响应大体一致，仅存在不大的偏差。且 R^2 达 0.6563，大于 0.5，说明线性关系程度还是较大的，由此可知东江源流域的两条水系闭合关联程度还是比较高。

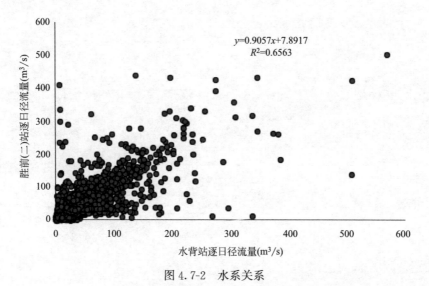

图 4.7-2　水系关系

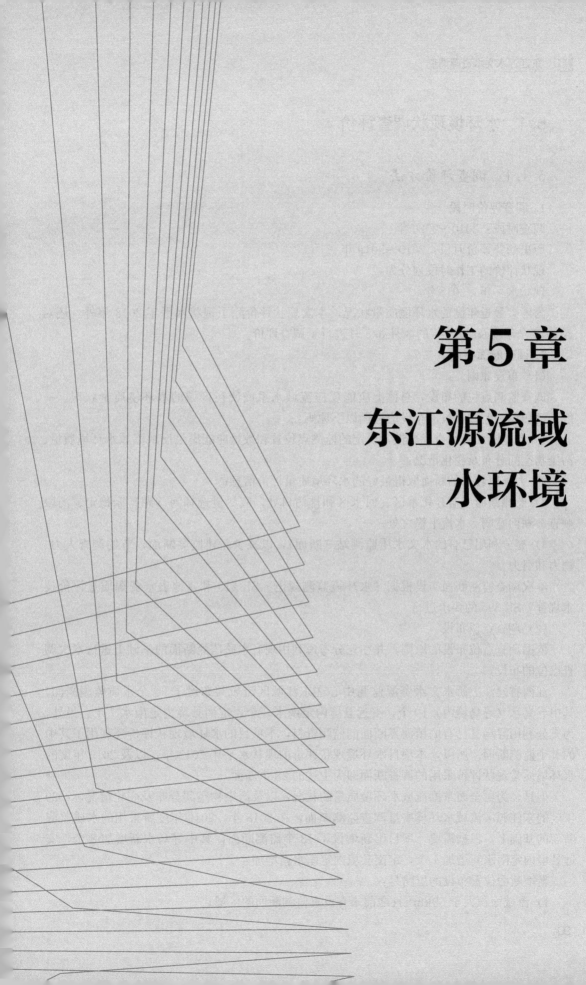

第5章

东江源流域
水环境

5.1　水环境现状调查评价

5.1.1　调查评价方法

1. 调查评价时段

调查时段：2010～2020 年

历史趋势评价时段：2010～2019 年

现状评价的工作时段划分为：

现状水平年：2018 年

为考察最近年度的水环境质量状况，本次现状评价除了现状水平年 2018 年外，还对 2019 年全年度及 2020 年的 3 月和 5 月进行了调查评价。

2. 调查断面布设

（1）布设原则

调查监测点位的布设，总体上应能反应流域水系或所在区域的水环境质量状况。一般，流域调查监测点位的布设应遵循以下原则：

1）监测断面必须有代表性，设定的监测点位置和数量应能满足反映流域水环境质量、污染物空间分布及变化情况；

2）力求以较少的断面取得最好的水环境质量评价信息；

3）监测断面应避开死水区、回水区和排污口处，应尽量选择河（湖）床稳定、河段顺直、湖面宽阔、水流平稳之处；

4）充分利用已有的水文水质监测站（断面），以减少新建监测断面，节约调查人力、物力和财力。

本次调查监测断面布设根据《水环境监测规范》SL 219 和《地表水资源质量评价技术规程》SL 395 的要求进行。

（2）调查点位布设

依据调查点位布设的原则，并在充分考虑利用现有水质监测断面的基础上进行本次调查点位的布设。

江西省赣江上游水文水资源监测中心在东江源区流域共布设了 20 个水质监测断面，其中寻乌水（寻乌境内）10 个，安远县境内定南水 3 个，定南县境内定南水 7 个。另外，为充分利用寻乌县已有的镇河界断面的监测资料，本项目的水环境现状评价还利用了其中的 8 个监测断面。所以，本项目水环境现状评价的现状水平年 2018 年，以及 2019 年度的水环境质量现状评价采用的调查断面即为上述的 28 个断面。

但是，为更全面掌握流域水环境质量的状况，以及污染物空间分布及变化情况，2020 年度的东江源区流域水环境质量调查监测断面，在 2018 年、2019 年度所采用的水质监测断面的基础上，根据需要，项目组新增设了 13 个监测断面，其中寻乌水新增加 8 个，安远县境内定南水新增加 1 个，定南县境内定南水新增加 4 个。

新增断面位置布设的思路是：

1）流域面积大于 50km^2 且之前未有设置监测断面的区域；

2）存在有潜在污染的河段，在原有监测断面的基础上进行加密，目的是更好地了解水质变化情况。

综上，本项目水环境现状调查评价，共设置了 41 个调查监测断面，其中利用江西省赣江上游水文水资源监测中心原有水质监测断面 28 个，项目组新增监测断面 13 个。

3. 监测采样方法

本次调查的采样方法，根据《水环境监测规范》SL 219、《地表水和污水监测技术规范》HJ/T91 的规定进行。

（1）采样频次：本次项目的地表水环境质量调查采样频次为每月采样 1 次，全年 12 次。

（2）采样器采用聚乙烯塑料桶，以及其他专用样品容器。

（3）人工采样方法采样，采集瞬时水样。

4. 水样检测方法

本次采样得到的水样送实验室进行检测分析。检测方法均遵照《地表水环境质量标准》GB 3838 表 4 中的地表水环境质量标准基本项目分析方法进行检测分析。

5. 调查质量保证与质量控制

（1）采样的质量保证与质量控制

1）采样人员不得擅自变更采样位置；采样时要按时、准确、安全，并使用定位仪（GPS）定位。

2）采样时不得搅动水底沉积物，避免影响样品的真实性。

3）溶解氧、粪大肠菌群、生化需氧量、悬浮物等有特殊要求的检验项目，单独采集样品；溶解氧、生化需氧量等水样应将水充满容器，密闭保存。

4）水样装入容器后，按规定要求立即加入相应的固定剂摇匀，贴好标签；或按规定要求低温避光保存。

5）每批水样，选择部分项目加采现场空白样，与样品一起送实验室分析。

（2）水样分析的质量保证与质量控制

1）水温、pH 值、溶解氧、电导率、透明度等监测项目在采样现场观测或检验。

2）采用深水电阻温度计测量水温时，把温度计放在测点放置 5～7min，测得的水温恒定不变后读数。

3）每批水样，选择部分项目加采现场空白样，与样品一起送实验室分析。

6. 评价方法

（1）水质评价标准与评价指标

根据水利行业标准《地表水资源质量评价技术规程》SL 395：地表水水质评价标准采用国家标准《地表水环境质量标准》GB 3838。评价项目包括 GB 3838 规定的 24 个基本项目，本次为河流水质评价，总氮不参与评价。

根据《地表水资源质量评价技术规程》SL 395，在 COD 大于 30mg/L 的水域宜选用化学需氧量评价；在 COD 不大于 30mg/L 的水域宜选用高锰酸盐指数评价。在本项目调查中，调查获得的历史监测数据以及 2020 年度新增断面监测的数据均显示，绝大多数的水质指标在调查时段始终均处于优良的状态，指标浓度远低于Ⅲ类水质标准的浓度，因此，在本报告的评价过程中，只列出了存在有污染现象的指标，并对其进行评价，这些指标包括氨氮、总磷、溶解氧、化学需氧量、高锰酸盐指数 5 个水质指标。其余指标只作简要说明。

（2）数据统计方法

对监测数据的统计采用如下方法进行：

1）月评价：采用每月一次的监测数据评价。

2）水期评价：

枯水期，采用 1 月、2 月、3 月、10 月、11 月、12 月共 6 个月的平均值评价；

丰水期，采用 4 月、5 月、6 月、7 月、8 月、9 月 6 个月的平均值评价；

年平均，采用全年 12 个月的平均值评价。

（3）评价方法

1）断面水质评价

根据现行标准《地表水资源质量评价技术规程》SL 395，断面水质评价包括单项水质项目水质类别评价、单项水质项目超标倍数评价、断面水质类别评价和断面主要超标项目评价 4 部分内容。单项水质项目类别根据该项目实测浓度与 GB 3838 限值的比对结果确定。当不同类别标准值相同时，遵循从优不从劣原则。单项水质项目浓度超过 GB 3838 Ⅲ类标准限值的称为超标项目。水温、pH 值和溶解氧不计算超标倍数。

断面水质类别按所评价项目水质最差项目的类别确定。断面主要超标项目的判定方法是将各单项水质项目的超标倍数由高至低排序，列前三位的项目为断面的主要超标项目。

2）河流、流域（水质）评价

根据《地表水资源质量评价技术规程》SL 395，流域水质评价包括各类水质类别比例、Ⅰ～Ⅲ类比例、Ⅳ～Ⅴ类比例、流域的主要超标项目 4 部分内容。各类Ⅰ类、Ⅱ类、Ⅲ类、Ⅳ类、Ⅴ类及劣Ⅴ类的比例；Ⅰ～Ⅲ类比例为Ⅰ类、Ⅱ类、Ⅲ类之和；Ⅳ～Ⅴ类比例为Ⅳ类及Ⅴ类比例之和。流域的主要超标项目根据各单项水质目标超标项目频率的高低排序确定。排序前三位的为流域的主要超标项目。

5.1.2 2018 年水环境现状评价

本项目水环境调查评价的现状水平年为 2018 年。为便于评价分析，以及评价结果有利指导区域进行水环境的保护与治理，评价分别以寻乌水、安远县境内定南水、定南县境内定南水等三个区域进行。

1. 寻乌水水环境现状评价（2018 年）

寻乌水 2018 年水环境现状评价所采用的监测断面情况如表 5.1-1 所示。

寻乌水水环境质量现状评价（2018 年）断面情况表 　　　　　　　表 5.1-1

序号	断面名称	河流	水质目标	断面位置	
				东经	北纬
1	澄江	寻乌水	Ⅱ	115°42′05″	25°04′36″
2	吉潭	寻乌水	Ⅲ	115°44′37″	24°57′09″
3	项山-吉潭	项山河	Ⅲ	115°45′32″	24°56′32″
4	三标	寻乌水马蹄河	Ⅱ	115°35′32″	25°01′19″

序号	断面名称	河流	水质目标	断面位置	
				东经	北纬
5	九曲湾水库	寻乌水马蹄河	Ⅱ	115°35′33″	25°00′14″
6	罗新墩	寻乌水马蹄河	Ⅲ	115°38′19″	24°58′12″
7	寻乌县医院	寻乌水马蹄河	Ⅳ	115°38′58″	24°57′17″
8	上石排	寻乌水	Ⅲ	115°42′01″	24°33′28″
9	文峰-南桥	寻乌水	Ⅲ	115°41′37″	24°50′24″
10	文峰-南桥	柯树塘溪	Ⅲ	115°41′03″	24°49′44″
11	南桥-留车	寻乌水	Ⅲ	115°39′21″	24°45′52″
12	桂竹帽-文峰	龙图河	Ⅲ	115°31′26″	24°54′50″
13	留车	龙图河	Ⅲ	115°38′02″	24°45′54″
14	留车-龙廷	寻乌水	Ⅲ	115°31′26″	24°54′50″
15	丹溪-龙廷	大田河	Ⅲ	115°40′01″	24°38′45″
16	斗晏	寻乌水	Ⅲ	115°38′29″	24°38′42″
17	晨光-菖蒲	晨光河	Ⅲ	115°30′12″	24°46′52″
18	菖蒲	晨光河	Ⅲ	115°31′29″	24°44′36″

（1）从各断面月评价可以得出：

上石排断面在 4 月、6 月、11 月的水质类别为Ⅳ类，未达到水质目标Ⅲ类。造成不达标的水质指标为氨氮，超标倍数为 0.33～0.48。

文峰-南桥（寻乌水）镇界断面在 1 月、5 月、6 月、8 月、10 月的水质类别为Ⅳ类，未达到水质目标Ⅲ类。造成不达标的水质指标为氨氮，超标倍数为 0.1～1.0 倍。

文峰-南桥（柯树塘溪）镇界断面，全年 12 个月的水质均为劣Ⅴ类，均未达到水质目标Ⅲ类。造成不达标的水质指标为氨氮，超标倍数为 9.0～28.6 倍。

南桥-留车（寻乌水）镇界断面 2 月的水质类别为Ⅳ类，未达到水质目标Ⅲ类。造成不达标的水质指标为氨氮，超标倍数为 0.1 倍。

桂竹帽-文峰（龙图河）镇界断面 3 月的水质类别为Ⅳ类，未达到水质目标Ⅲ类。造成不达标的水质指标为氨氮，超标倍数为 0.18 倍。

水留车-龙廷（寻乌水）镇界断面 2 月的水质类别为Ⅳ类，未达到水质目标Ⅲ类，其他月份水质在Ⅱ～Ⅲ类。造成不达标的水质指标为氨氮，超标倍数为 0.26 倍。

其他断面全年各月份的水质均能达到甚至优于目标水质，在Ⅱ～Ⅲ类之间，水环境质量均在良好至优。

（2）从各断面枯水期、丰水期和年平均评价结果可以看出：

文峰-南桥（寻乌水）镇界断面在枯水期的水质类别为Ⅳ类，未达到水质目标Ⅲ类。造成不达标的水质指标为氨氮，超标倍数为 0.1 倍。

文峰-南桥（柯树塘溪）镇界断面在枯水期、丰水期和年平均的水质类别均为劣Ⅴ类，未达到水质目标Ⅲ类。造成不达标的水质指标为氨氮，超标倍数为 18～20 倍。

2. 定南水（安远县域）水环境现状评价（2018 年）

定南水（安远县域）2018 年水环境现状评价所采用的监测断面情况如表 5.1-2 所示。

从各断面月评价结果可以看出：定南水（安远县域）各断面在全年各月的水质均保持良好状态，均能达到水质目标Ⅱ类。

从各断面枯水期、丰水期和年平均评价结果可以看出：定南水（安远县域）各断面在 2018 年度的枯水期、丰水期和年平均的水质均保持良好状态，均能达到水质目标Ⅱ类。

定南水（安远县域）水环境质量现状评价（2018 年）断面情况表　　　　表 5.1-2

序号	断面名称	河流	水质目标	断面位置	
				东经	北纬
1	孔田	定南水新田河	Ⅱ	115°23′35″	25°07′48″
2	三百山	定南水新田河	Ⅱ	115°22′07″	24°56′56″
3	镇岗	定南水	Ⅱ	115°21′04″	25°01′05″

3. 定南水（定南县域）水环境现状评价（2018 年）

定南水（定南县域）2018 年水环境现状评价所采用的监测断面情况如表 5.1-3 所示。

从各断面月评价结果可以看出：定南变电站断面在全年 12 个月的水质类别均为劣Ⅴ类，均未达到水质目标Ⅳ类。造成不达标的水质指标为氨氮，超标倍数为 0.8～8.8 倍。定南三经路口断面在 1 月、2 月、3 月、5 月、6 月、8 月、11 月、12 月的水质类别为劣Ⅴ类，未达到水质目标Ⅲ类。造成不达标的水质指标为氨氮，超标倍数为 0.8～4.8 倍。定南天九断面在 1 月、2 月、3 月、4 月、5 月、6 月、8 月、9 月、10 月、11 月、12 月的水质类别为劣Ⅴ类，未达到水质目标Ⅲ类。造成不达标的水质指标为氨氮，超标倍数为 0.7～4.4 倍。

从各断面枯水期、丰水期和年平均评价结果可以看出：定南变电站断面在枯水期、丰水期和年平均的水质类别均为劣Ⅴ类，未达到水质目标Ⅳ类。造成不达标的水质指标为氨氮，超标倍数为 4.8～5.2 倍。定南三经路口断面在枯水期和年平均的水质类别均为劣Ⅴ类，丰水期水质为Ⅴ类，三个水期均未达到水质目标Ⅲ类。造成不达标的水质指标为氨氮，超标倍数为 1.0～2.4 倍。定南天九断面在枯水期和年平均的水质类别均为劣Ⅴ类，丰水期水质为Ⅴ类，三个水期均未达到水质目标Ⅳ类。造成不达标的水质指标为氨氮，超标倍数为 0.9～3.7 倍。

定南水（定南县域）水环境质量现状评价（2018 年）断面情况表　　　　表 5.1-3

序号	断面名称	河流	水质目标	断面位置	
				东经	北纬
1	礼亨水库	定南水下历河	Ⅱ	115°00′19″	24°47′51″
2	三经路口	定南水下历河	Ⅲ	115°01′41″	24°46′57″
3	变电站	定南水下历河	Ⅳ	115°04′54″	24°45′56″
4	天九	定南水下历河	Ⅲ	115°06′50″	24°45′20″
5	胜前水文站	定南水	Ⅲ	115°12′39″	24°52′36″

序号	断面名称	河流	水质目标	断面位置	
				东经	北纬
6	横山	定南水老城河	Ⅲ	115°04′07″	24°42′11″
7	长滩	定南水	Ⅲ	115°11′00″	24°42′00″

4. 流域（水系）水质评价（2018 年）

寻乌水流域水质评价如表 5.1-4 所示。可以看出，寻乌水在 2018 年的枯水期，Ⅰ～Ⅲ类水质断面比例为 88.8%，Ⅳ～Ⅴ（含劣Ⅴ类）类比例为 11.2%，超标水质项目为氨氮；丰水期Ⅰ～Ⅲ类水质断面比例为 94.4%，Ⅳ～Ⅴ（含劣Ⅴ类）类比例在 5.6%，超标水质项目为氨氮；年平均的Ⅰ～Ⅲ类水质断面比例也为 94.4%，Ⅳ～Ⅴ（含劣Ⅴ类）类比例在 5.6%，超标水质项目依然为氨氮。

寻乌水 2018 年流域水质现状评价结果表　　　　　　　　表 5.1-4

流域名称	项目	枯水期	丰水期	年平均
	Ⅰ类比例	0	0	0
	Ⅱ类比例	66.7	77.8	72.2
	Ⅲ类比例	22.2	16.7	22.2
	Ⅳ类比例	5.6	0	0
寻乌水	Ⅴ类比例	0	0	0
	劣Ⅴ类比例	5.6	5.6	5.6
	Ⅰ～Ⅲ类比例	88.8	94.4	94.4
	Ⅳ～Ⅴ类比例	11.2	5.6	5.6
	主要超标项目	氨氮	氨氮	氨氮

定南水（安远县域）水质评价如表 5.1-5 所示。定南水（安远县域）在枯水期、丰水期及年平均的Ⅰ～Ⅲ类水质断面比例均为 100%。

定南水（安远县域）2018 年流域水质现状评价结果表　　　　　　　　表 5.1-5

流域名称	项目	枯水期	丰水期	年平均
	Ⅰ类比例	0	0	0
	Ⅱ类比例	100	100	100
	Ⅲ类比例	0	0	0
	Ⅳ类比例	0	0	0
定南水安远	Ⅴ类比例	0	0	0
	劣Ⅴ类比例	0	0	0
	Ⅰ～Ⅲ类比例	100	100	100
	Ⅳ～Ⅴ类比例	0	0	0
	主要超标项目	—	—	—

定南水（定南县域）水质评价如表 5.1-6 所示。在 2018 年的枯水期、丰水期和年平

均的Ⅰ～Ⅲ类水质断面比例均为57.1%、Ⅳ～Ⅴ（含劣Ⅴ类）类比例均为42.9%，超标水质项目为氨氮、溶解氧。

定南水（定南县域）2018年流域水质现状评价结果   表 5.1-6

流域名称	项目	枯水期	丰水期	年平均
	Ⅰ类比例	0	0	0
	Ⅱ类比例	57.1	57.1	57.1
	Ⅲ类比例	0	0	0
	Ⅳ类比例	0	0	0
定南水定南	Ⅴ类比例	0	28.6	0
	劣Ⅴ类比例	42.9	14.3	42.9
	Ⅰ～Ⅲ类比例	57.1	57.1	57.1
	Ⅳ～Ⅴ类比例	42.9	42.9	42.9
	主要超标项目	氨氮	氨氮、溶解氧	氨氮、溶解氧

5.1.3　2019年水环境现状评价

为更好掌握东江源区水环境质量现状，在现状水平年2018年评价的基础，本报告也对2019年现状进行了评价。但仅是对枯水期、丰水期和年平均三个时段进行评价。评价所采用的监测断面与现状水平年2018年评价的一致。

1. 寻乌水水环境现状评价（2019年）

文峰-南桥（柯树塘溪）镇界断面在枯水期、丰水期和年平均的水质类别均为劣Ⅴ类，未达到水质目标Ⅲ类，为重度污染。造成不达标的水质指标为氨氮，超标倍数为12.9～16.4倍。该断面2019年评价结果与现状水平年2018年的评价结果一致。超标因子依然为氨氮。

2018年枯水期水质类别为Ⅳ类的文峰-南桥（寻乌水）镇界断面，2019年枯水期的水质达到Ⅲ类，达到水质目标Ⅲ类。其余断面均达到或优于目标水质类别，达到良好至优的状态。各水期流域评价结果如表5.1-7所示。

寻乌水2019年流域水质现状评价结果   表 5.1-7

流域名称	项目	枯水期	丰水期	年平均
	Ⅰ类比例	0	0	0
	Ⅱ类比例	77.8	83.3	83.3
	Ⅲ类比例	16.7	11.1	11.1
	Ⅳ类比例	0	0	0
寻乌水	Ⅴ类比例	0	0	0
	劣Ⅴ类比例	5.6	5.6	5.6
	Ⅰ～Ⅲ类比例	94.4	94.4	94.4
	Ⅳ～Ⅴ类比例	5.6	5.6	5.6
	主要超标项目	氨氮	氨氮	氨氮

2. 定南水（安远县域）水环境现状评价（2019 年）

2019 年，定南水（安远县域）各断面在枯水期、丰水期和年平均的水质均达到目标水质类别Ⅱ类，水质状况为优。2019 年评价结果与 2018 年的评价结果相同。

各水期流域水质评价结果见表 5.1-8。

定南水（安远县域）2019 年流域水质现状评价结果　　　　　　　　表 5.1-8

流域名称	项目	枯水期	丰水期	年平均
定南水安远	Ⅰ类比例	0	0	0
	Ⅱ类比例	100	100	100
	Ⅲ类比例	0	0	0
	Ⅳ类比例	0	0	0
	Ⅴ类比例	0	0	0
	劣Ⅴ类比例	0	0	0
	Ⅰ～Ⅲ类比例	100	100	100
	Ⅳ～Ⅴ类比例	0	0	0
	主要超标项目	氨氮	氨氮	氨氮

3. 定南水（定南县域）水环境现状评价（2019 年）

定南变电站断面在枯水期的水质类别为劣Ⅴ类，为重度污染；年平均水质类别为Ⅴ类，为中度污染，均未达到水质目标Ⅳ类。造成不达标的水质指标为氨氮。

定南天九断面在年平均的水质类别为Ⅳ类，水质状况为轻度污染，未达水质目标为Ⅲ类。造成不达标的水质指标为氨氮。

但从评价结果可以看出，定南水（定南县域）2019 年水环境质量要比 2018 年有较大改善。具体如下：

定南三经路口断面的水质目标为Ⅲ类，2019 年的水质类别在枯水期为Ⅲ类，丰水期及年平均的水质类别都达到Ⅱ类。而 2018 年定南三经路口断面在枯水期和年平均的水质类别均为劣Ⅴ类，丰水期水质类别为Ⅴ类。2019 年比 2018 年有显著的改善。

定南变电站断面水质目标为Ⅳ类，2019 年的水质在枯水期为劣Ⅴ类，年平均水质类别为Ⅴ类，丰水期水质类别为Ⅲ类。而 2018 年，定南变电站断面在枯水期、丰水期和年平均的水质类别均为劣Ⅴ类。2019 年比 2018 年有明显的改善。2019 年该断面的水质超标指标依然为氨氮。

定南天九断面的水质目标为Ⅲ类，2019 年的水质类别在枯水期和丰水期为Ⅱ类，年平均水质类别为Ⅳ类，年平均超标。而 2018 年定南天九断面在枯水期和年平均的水质类别均为劣Ⅴ类，丰水期水质为Ⅴ类。2019 年比 2018 年有显著的改善。该断面 2019 年水质超标指标依然为氨氮。

各水期流域水质评价结果如表 5.1-9 所示。

定南水（定南县域）2019年流域水质现状评价结果　　　　表 5.1-9

流域名称	项目	枯水期	丰水期	年平均
定南水定南	Ⅰ类比例	0	0	0
	Ⅱ类比例	57.1	71.4	71.4
	Ⅲ类比例	14.3	28.6	0
	Ⅳ类比例	0	0	14.3
	Ⅴ类比例	14.3	0	14.3
	劣Ⅴ类比例	14.3	0	0
	Ⅰ～Ⅲ类比例	71.4	100	71.4
	Ⅳ～Ⅴ类比例	28.6	0	28.6
	主要超标项目	氨氮	氨氮	氨氮

5.1.4　2020 年水环境现状评价

1. 寻乌水水环境现状评价（2020 年）

2020 年的现状评价，监测断面在 2018 年、2019 年的基础上，新增了 8 个断面。新增断面的选取是为了加密之前未设置监测断面的小流域。新增断面具体情况如表 5.1-10 所示。

寻乌水水质现状评价（2020 年）新增断面情况　　　　表 5.1-10

序号	断面名称	河流	水质目标	断面位置	
				东经	北纬
1	吉潭滋溪桥	剑溪河	Ⅲ	115°45′45″	24°59′16″
2	长宁-文峰界	寻乌水马蹄河	Ⅲ	115°39′18″	24°56′22″
3	寻乌文峰乡小汾桥	寻乌水小汾河	Ⅲ	115°41′30″	24°53′15″
4	文峰乡石排村双茶亭(岗子上)	寻乌水双茶亭小溪	Ⅲ	115°42′26″	24°52′52″
5	文峰乡上甲河(涵水溪桥)	寻乌水上甲河	Ⅲ	115°41′47″	24°51′44″
6	文峰乡涵水村(涵水)	寻乌水上甲河	Ⅲ	115°41′52″	24°51′48″
7	寻乌南桥镇张天塘大桥	寻乌水青龙河	Ⅲ	115°41′01″	24°50′07″
8	晨光镇龙图水位站	寻乌水龙图河	Ⅲ	115°35′49″	24°48′06″

调查采样时间分别在 2020 年的 3 月、5 月，各进行了一次调查采样分析。

根据各断面检测结果分析得出，寻乌水在 2020 年的 3 月的Ⅰ～Ⅲ类水质断面比例为 69.2%，Ⅳ～Ⅴ（含劣Ⅴ类）类比例为 30.8%，超标水质项目为氨氮。

5 月的Ⅰ～Ⅲ类水质断面比例为 84.6%，Ⅳ～Ⅴ（含劣Ⅴ类）类比例为 14.4%，超标水质项目为氨氮和 DO。

具体如表 5.1-11 所示：

寻乌水 2020 年流域水质现状评价结果　　　　表 5.1-11

流域名称	项目	3 月	5 月
寻乌水	Ⅰ类比例	0	0
	Ⅱ类比例	61.5	61.5
	Ⅲ类比例	7.7	23.1
	Ⅳ类比例	7.7	3.8
	Ⅴ类比例	0	3.8
	劣Ⅴ类比例	23.1	7.7
	Ⅰ～Ⅲ类比例	69.2	84.6
	Ⅳ～Ⅴ类比例（含劣Ⅴ类）	30.8	14.4
	主要超标项目	氨氮	氨氮

2. 定南水（安远县域）水环境现状评价（2020 年）

2020 年评价在 2018 年、2019 年调查断面基础上，新增了 1 个断面。断面新增的目的是加密安远镇岗到进入定南河段的水质调查监测断面。新增断面具体情况如表 5.1-12 所示。

调查采样时间分别在 2020 年的 3 月、5 月，各进行了一次采样分析。

定南水（安远县域）水质现状评价（2020 年）新增断面情况　　　表 5.1-12

序号	断面名称	河流	水质目标	断面位置	
				东经	北纬
1	安远鹤子镇半迳桥	定南水	Ⅲ	115°16′22″	24°56′37″

由各断面评价结果可以看出，定南水（安远县域）水环境质量保持良好状态，各调查断面水质在各调查时段均能稳定达到各自相应的目标水质Ⅱ类（孔田、三百山、镇岗）或Ⅲ类（鹤子镇半迳桥），没有出现超标断面。具体如表 5.1-13 所示：

定南水（安远县域）2020 年流域水质现状评价结果　　　　表 5.1-13

流域名称	项目	3 月	5 月
定南水安远	Ⅰ类比例	0	0
	Ⅱ类比例	100	100
	Ⅲ类比例	0	0
	Ⅳ类比例	0	0
	Ⅴ类比例	0	0
	劣Ⅴ类比例	0	0
	Ⅰ～Ⅲ类比例	100	100
	Ⅳ～Ⅴ类比例	0	0
	主要超标项目	——	——

3. 定南水（定南县域）水环境现状评价（2020 年）

2020 年评价在 2018 年、2019 年调查断面基础上新增了 4 个断面。断面新增的目的是补充之前为设置监测断面的定南水支流。新增断面具体情况如表 5.1-14 所示。

调查采样时间分别在 2020 年的 3 月、5 月，各进行了一次采样分析。

定南水（定南县域）水质现状评价（2020 年）新增断面情况　　　　表 5.1-14

序号	断面名称	河流	水质目标	断面位置	
				东经	北纬
1	鹅公镇柱石村	定南水柱石河	Ⅲ	115°15′22″	24°50′42″
2	定南鹅公水位站	定南水鹅公河	Ⅲ	115°15′43″	24°49′00″
3	定南龙塘	定南水支流	Ⅲ	115°11′56″	24°51′56″
4	定南老城	定南水老城河	Ⅲ	115°00′17″	24°41′19″

由个断面评价结果得出，定南水（定南县域）在 2020 年的 3 月的Ⅰ～Ⅲ类水质断面比例为 81.8%，Ⅳ～Ⅴ（含劣Ⅴ类）类比例为 18.2%，超标水质项目为氨氮。

5 月的Ⅰ～Ⅲ类水质断面比例为 72.7%，Ⅳ～Ⅴ（含劣Ⅴ类）类比例为 27.3%，超标水质项目为氨氮和 DO。

具体如表 5.1-15 所示。

定南水（定南县域）2020 年流域水质现状评价结果　　　　表 5.1-15

流域名称	项目	3 月	5 月
	Ⅰ类比例	0	0
	Ⅱ类比例	63.6	63.6
	Ⅲ类比例	18.2	9.1
	Ⅳ类比例	0	18.2
定南水	Ⅴ类比例	0	0
定南	劣Ⅴ类比例	18.2	9.1
	Ⅰ～Ⅲ类比例	81.8	72.7
	Ⅳ～Ⅴ类比例	18.2	27.3
	主要超标项目	氨氮	氨氮、DO

5.1.5　东江源水质检测表征及其毒性评估

（1）基本水质参数

采样点为安远三百山山顶溪水，其基本水质参数及金属离子浓度见表 5.1-16，水样采集后加入硫酸调节 pH 值至 2，经过 0.45μm 滤膜过滤后于 4℃黑暗保存。使用固相萃取对水样中可溶性天然有机物进行萃取提纯。

水质参数　　　　表 5.1-16

UV_{254}	DOC mg/L	pH 值	Cl^- mg/L	NO_3^- mg/L	SO_4^{2-} mg/L	K^+ (mg/L)	Ca^{2+} mg/L
0.028	5.62	7.25	1.03	n. a	1.04	0.97	3.44

续表

Na+ (mg/L)	Mg²⁺ (mg/L)	Cu²⁺ (mg/L)	Fe³⁺ (mg/L)	Zn²⁺ (mg/L)	Mn²⁺ (mg/L)	Al³⁺ (mg/L)	EC₅₀ (mg/L)
1.398	0.714	3.438	0.007	0.062	0.001	n.a	120.41

（2）溶解性有机物组成（LC-OCD）

溶解性有机碳组成　　　　　　　　　　　　　　　表 5.1-17

DOC (mg/L)	HOC (mg/L)	CDOC (mg/L)	生物聚合物 (mg/L)	腐殖酸 (mg/L)	有机构筑单元 (mg/L)	LMWN (mg/L)	LMWA (mg/L)
0.617	0	0.617	0.0095	0.162	0.0965	0.349	0

LC-OCD 利用不同尺寸有机物在吸附柱上停留时间的不同原理，可以将不同分子量 NOM 进行分级（表 5.1-17）。可以分为生物聚合物（Biopolymers，BP，分子量大于 20000 Da），腐殖酸（Humic substances，HS，500Da＜分子量＜10000Da），有机构筑单元（Building blocks，BB，300Da＜分子量＜500Da），low molecular weight acids（LMWA，分子量＜350 Da），low molecular weight neutrals（LMWN，分子量＜350 Da）和 hydrophobic organic carbon（HOC）。其中，BP、HS、BB、LMWA、LMWN 这五部分之和为亲水有机碳（CDOC）。如图 5.1-1 所示，水体通过固相萃取复溶得到，水样中主要为亲水性溶解性有机碳（CDOC），其主要成分为低分子量的有机物，总占比达到 70% 以上，LMWN 和 BB 占比分别达到 56.6% 和 15.6%。

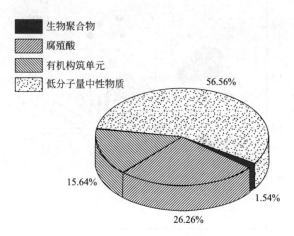

图 5.1-1　不同组分有机物占比

（3）溶解性有机物鉴定（FT-ICR）

图 5.1-2、图 5.1-3 表示水样的分子响应核质比及分子组成情况，共检测出各类有机物 4366 种，可以清晰区分 CHO、CHOS、CHNO、CHNOS 这 4 类分子，分别占 47.0%、10.3%、32.0%、10.7%。

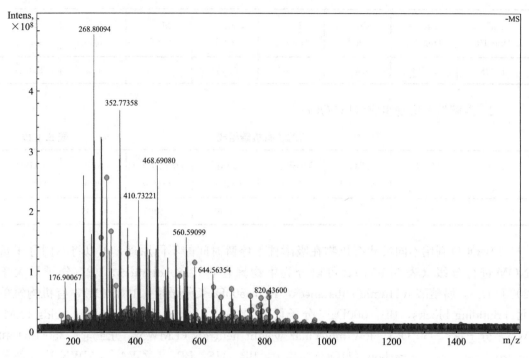

图 5.1-2　东江源水源傅里叶变换离子回旋共振质谱图

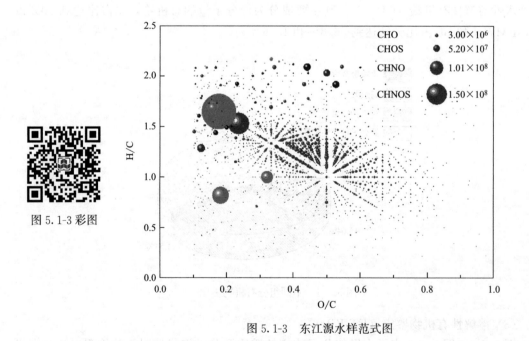

图 5.1-3 彩图

图 5.1-3　东江源水样范式图

（4）消毒副产物生成潜能

本研究对该水样进行氯化 24h 处理，氯化过程加入 $5\mu M$ Br^-，得到消毒副产物生成势如表 5.1-18 所示，其主要检测到 DCBM-FP，未检测到 TBM-FP。

<table>
<tr><td colspan="4" align="center">消毒副产物生成势</td><td>表 5.1-18</td></tr>
</table>

TCM-FP mg/L	DCBM-FP mg/L	DBCM-FP （mg/L）	TBM-FP mg/L
8.27	36.62	8.06	0.00

（5）急性毒性及风险熵评估

根据风险评价原理，风险是毒性效应和暴露水平的函数，即暴露在环境中的有毒物质达到一定水平时才能产生风险。使用风险熵（RQ）进行风险评估，RQ 根据水体实际检出溶解性有机物浓度（MEC）以及无观察效应环境浓度（即生态风险阈值，PNEC）计算。

$$RQ = \frac{MEC}{PNEC}$$

$$PNEC = \frac{LC_{50} \ or \ EC_{50}}{AF}$$

式中　RQ——风险熵；

　　　MEC——水中的实测 DOC 浓度，毒性效应 $PNEC$ 是可能对生物和生态系统造成潜在影响的浓度，表征物质产生风险的可能性，为无观察效应环境浓度；

　　　LC_{50}——半致死浓度；

　　　EC_{50}——半最大效应浓度；

　　　AF——评价因子，采用 Water Framework Directive 的推荐值 1000。

根据全球统一的化学品分类标识体系将所有中间体分为四类：

剧毒（$LC_{50}/EC_{50}/ChV \leqslant 1mg/L$）、

有毒（$1mg/L < LC_{50}^{-}/EC_{50}/ChV \leqslant 10mg/L$）、

有害（$10mg/L < LC_{50}/EC_{50}/ChV \leqslant 100mg/L$）、

无毒（$LC_{50}/EC_{50}/ChV > 100mg/L$）。

本研究通过发光细菌实验得出：水体 $EC_{50} = 120.41mg/L$，环境风险熵 RQ_{tot} 为 46.59。

5.2　水库营养状态现状评价

5.2.1　评价方法

根据《地表水资源质量评价技术规程》SL 395，水库营养状态评价标准及分级方法应符合表 5.2-1 的规定。

<table>
<tr><td colspan="6" align="center">水库营养状态评价标准及分级方法</td><td>表 5.2-1</td></tr>
</table>

营养状态分级 EI＝营养状态指数	评价项目赋分值 En	总磷 （mg/L）	总氮 （mg/L）	叶绿素 a(mg/L)	高锰酸盐指数(mg/L)	透明度 （m）
贫营养 $0 \leqslant EI \leqslant 20$	10	0.001	0.020	0.0005	0.15	10
	20	0.004	0.050	0.0010	0.4	5.0

续表

营养状态分级 EI＝营养状态指数		评价项目赋分值 En	总磷（mg/L）	总氮（mg/L）	叶绿素a(mg/L)	高锰酸盐指数(mg/L)	透明度（m）
中营养 20≤EI≤50		30	0.010	0.10	0.0020	1.0	3.0
		40	0.025	0.30	0.0040	2.0	1.5
		50	0.050	0.50	0.010	4.0	1.0
富营养	轻度富营养 50≤EI≤60	60	0.10	1.0	0.026	8.0	0.5
	中度富营养 60≤EI≤80	70	0.20	2.0	0.064	10	0.4
		80	0.60	6.0	0.16	25	0.3
	重度富营养 80≤EI≤100	90	0.90	9.0	0.40	40	0.2
		100	1.3	16.0	1.0	60	0.12

水库营养状态评价采用指数法。步骤如下：

（1）采用线性插值法将水质项目浓度值转换为赋分值；

（2）按式计算营养状态指数 EI：

$$EI = \sum_{n=1}^{N} En/N$$

式中　EI——营养状态指数；

En——评价项目赋分值；

N——评价项目个数。

（3）参照表5.2-1，根据营养状态指数确定营养状态分级。

5.2.2　评价结果

本次调查的水库及采样点信息如表5.2-2所示。

调查水库采样点位置信息表 表5.2-2

序号	地点	坐标	
		东经	北纬
1	礼亨水库	115°0′20.38″E	24°47′50.64″N
2	九曲水库	115°10′6.35″E	24°44′32.73″N
3	长滩水库	115°10′24.74″E	24°42′26.51″N
4	转塘水库	115°14′2.34″E	24°49′44.93″N
5	东风水库	115°23′48.52″E	25°3′1.76″N
6	艾坝水库	115°27′12.41″E	25°4′5.71″N
7	太湖水库	115°36′48.28″E	25°8′48.88″N
8	九曲湾水库	115°35′21.71″E	25°0′16.97″N
9	斗晏水库	115°33′40.8″E	24°38′43.55″N

5.3　水环境质量变化趋势分析

东江源水环境质量变化趋势分析，将按寻乌水、安远县境内定南水、定南县境内定南水为区域划分，对各区域内各断面水环境质量过去 10 年的历史发展趋势进行分析，即分析时段为 2010～2019 年。但考虑到有些断面设置的历史早，则有 2010～2019 年的数据，而有些断面设置的比较晚，则数据时段不满 10 年。

5.3.1　寻乌水水环境质量变化趋势分析

寻乌水水环境质量变化趋势分析采用了江西省赣江上游水文水资源监测中心设置的多年监测历史的 10 个断面。

（1）澄江断面

澄江断面 2010～2019 年水环境质量变化如图 5.3-1 所示。可以看出，过去 10 年，寻乌水澄江段水环境质量保持较好态势，期间均能稳定达到 Ⅱ 类水质标准，各年度均能达到水功能区划水质目标 Ⅱ 类。水质参数中，除 COD 有一定波动外，氨氮、总磷、高锰酸盐指数均呈下降的发展趋势。

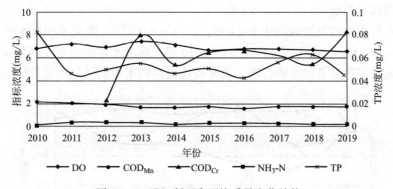

图 5.3-1　澄江断面水环境质量变化趋势

（2）吉潭断面

吉潭断面监测数据始于 2015 年，2015～2019 年吉潭断面水环境质量变化趋势如图 5.3-2 所示。可以看出，2015～2019 年吉潭断面水环境质量保持较好态势，期间均能稳

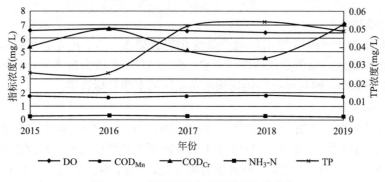

图 5.3-2　吉潭断面水环境质量变化趋势

定达到Ⅱ类水质标准，各年度均能达到水功能区划水质目标Ⅲ类。水质参数中，DO有呈稍微下降趋势、总磷呈稍微上升趋势，其余处于正常波动状态。

（3）三标断面

三标断面监测数据始于 2014 年，2014～2019 年三标断面水环境质量变化趋势如图 5.3-3 所示。可以看出，2014～2019 年三标断面水环境质量保持较好态势，期间均能稳定达到Ⅱ类水质标准，各年度均能达到水功能区划水质目标Ⅲ类。

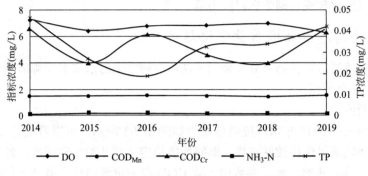

图 5.3-3　三标断面水环境质量变化趋势

（4）九曲湾水库断面

九曲湾水库断面监测数据始于 2014 年，2014～2019 年九曲湾水库断面水环境质量变化趋势如图 5.3-4 所示。可以看出，2014～2019 年九曲湾水库断面水环境质量保持较好态势，期间均能稳定达到Ⅱ类水质标准，各年度均能达到水功能区划水质目标Ⅲ类。

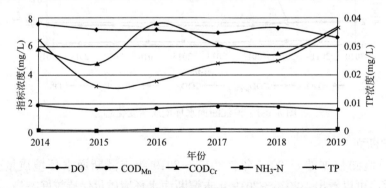

图 5.3-4　九曲湾水库断面水环境质量变化趋势

（5）罗新墩断面

罗新墩断面 2010～2019 年水环境质量变化趋势如图 5.3-5 所示。可以看出，2010～2019 年罗新墩断面水环境质量保持较好态势，除 2011 年水质为Ⅲ类外，其他年度均能稳定达到Ⅱ类水质标准，即各年度均能达到水功能区划水质目标Ⅲ类。

（6）上石排断面

上石排断面监测数据始于 2012 年，2012～2019 年石排断面水环境质量变化趋势如图 5.3-6 所示。可以看出，2012～2019 年上石排断面水环境质量呈现出逐渐向好的发展态势。期间 2012 年、2014 年、2015 年水质为劣Ⅴ类；2013 年、2016 年、2017 年水质为Ⅳ类，2012～2017 年各年度水质均未达到功能区划水质目标Ⅲ类，但呈现出逐年变好的趋

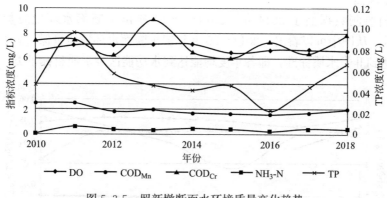

图 5.3-5　罗新墩断面水环境质量变化趋势

势，2018 年、2019 年均达到水质目标Ⅲ类。该断面影响水质不达标的关键水质参数为氨氮，氨氮浓度逐年降低，使得该断面水环境质量逐年提高的发展趋势。

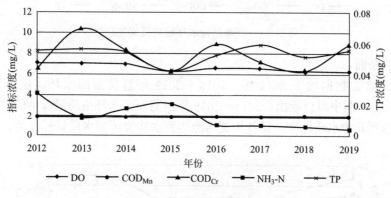

图 5.3-6　上石排断面水环境质量变化趋势

（7）寻乌县医院断面

寻乌县医院断面 2010～2019 年水环境质量变化趋势如图 5.3-7 所示。从图中可以看出，2010～2019 年寻乌县医院断面水环境质量保持较好态势，并且总体呈现出向好发展的态势。除 2013 年、2014 年、2015 年水质为Ⅳ类外，其他年度水质均达到Ⅲ类，即各年度均能达到水功能区划水质目标Ⅳ类。

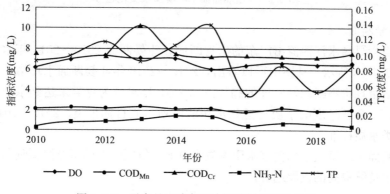

图 5.3-7　寻乌县医院断面水环境质量变化趋势

（8）留车断面

留车断面监测数据始于 2014 年。2014～2019 年留车断面水环境质量变化趋势如图 5.3-8 所示。从图中可以看出，2014～2019 年留车断面水环境质量保持较好态势，各年度均能稳定达到Ⅱ类水质标准，即各年度均能达到水功能区划水质目标Ⅲ类。

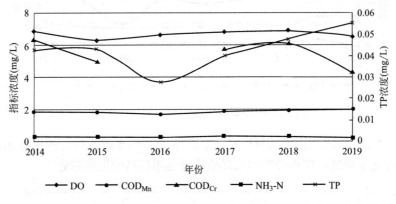

图 5.3-8　留车断面水环境质量变化趋势

（9）菖蒲断面

菖蒲断面监测数据始于 2014 年。2014～2019 年菖蒲断面水环境质量变化趋势如图 5.3-9 所示。从图中可以看出，2014～2019 年菖蒲断面水环境质量保持较好态势，各年度均能稳定达到Ⅱ类水质标准，即各年度均能达到水功能区划水质目标Ⅲ类。

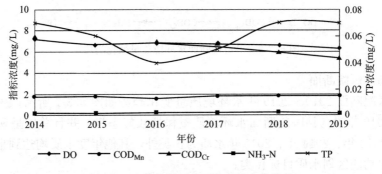

图 5.3-9　菖蒲断面水环境质量变化趋势

（10）斗晏断面

斗晏断面为寻乌水江西流出广东的出省断面。斗晏断面 2010～2019 年水环境质量变化趋势如图 5.3-10 所示。从图中可以看出，2010～2019 年斗晏断面水环境质量保持较好态势，且水质呈现出不断向好发展的趋势。除 2010 年水质为Ⅳ类未达到水功能区划水质目标Ⅲ类外，其余各年度的水质均达到水功能区划水质目标Ⅲ类，2017～2019 年该断面水质达到Ⅱ类水质标准。

影响该断面水环境质量的关键水质参数为氨氮，氨氮浓度的持续降低使得该断面水环境质量呈现出持续提高的发展趋势。

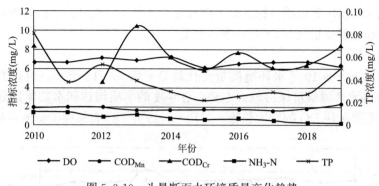

图 5.3-10 斗晏断面水环境质量变化趋势

5.3.2 定南水（安远县域）水环境质量变化趋势分析

（1）孔田断面

孔田断面监测数据始于 2014 年。2014～2019 年孔田断面水环境质量变化趋势如图 5.23-11 所示。可以看出，2014～2019 年孔田断面水环境质量保持较好态势，各年度的水质均达到水功能区划水质目标Ⅱ类水质标准，且水质呈现出持续向好发展的趋势。

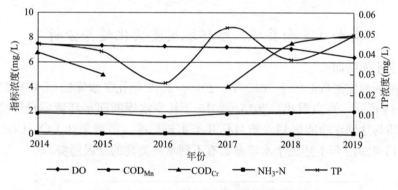

图 5.3-11 孔田断面水环境质量变化趋势

（2）三百山断面

三百山断面监测数据始于 2014 年。2014～2019 年三百山断面水环境质量变化趋势如图 5.3-12 所示。可以看出，2014～2019 年三百山断面水环境质量保持较好态势，各年度

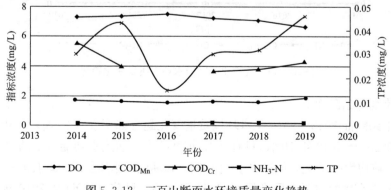

图 5.3-12 三百山断面水环境质量变化趋势

的水质均达到水功能区划水质目标Ⅱ类水质标准，且水质呈现出持续向好发展的趋势。但要关注总磷、高锰酸盐指数和 COD 的发展趋势。

（3）镇岗断面

镇岗断面 2010～2019 年水环境质量变化趋势如图 5.3-13 所示。可以看出，2010～2019 年镇岗断面水环境质量保持较好态势，各年度的水质均达到水功能区划水质目标Ⅱ类水质标准。但要关注 DO 的发展趋势，2010～2019 年 DO 有持续降低的不利发展趋势。

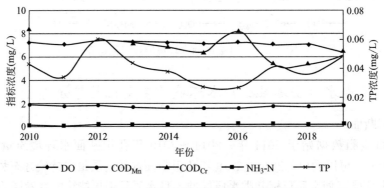

图 5.3-13　镇岗断面水环境质量变化趋势

5.3.3　定南水（定南县域）水环境质量变化趋势分析

（1）礼亨水库断面

礼亨水库断面监测数据始于 2015 年。2015～2019 年礼亨水库断面水环境质量变化趋势如图 5.3-14 所示。可以看出，2015～2019 年礼亨水库断面水环境质量保持较好态势，各年度的水质均达到水功能区划水质目标Ⅱ类水质标准。但要关注 DO、COD、TP 的发展趋势，2015～2019 年上述三个水质参数有不利水质提高的发展趋势。

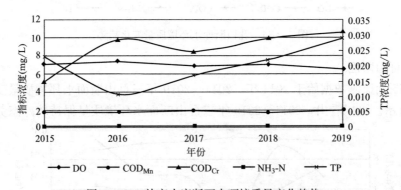

图 5.3-14　礼亨水库断面水环境质量变化趋势

（2）定南变电站断面

定南变电站断面 2010～2019 年水环境质量变化趋势如图 5.3-15 所示。可以看出，定南变电站断面 2010～2019 年期间，只有 2019 年度的水质达到水功能区划的水质目标Ⅳ类，其余年度的水质均为劣 Ⅴ 类，但过去 10 年期间，该断面的水质呈现出好转的发展趋势。

影响该断面水质的主要水质指标有 COD 和氨氮。目前，COD 从 2010 年的超标倍数

3.4 下降达到Ⅳ类标准；氨氮从 2010 年的超标倍数 12 下降达到Ⅳ类标准。

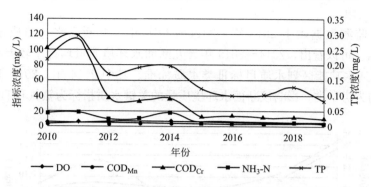

图 5.3-15 定南变电站断面水环境质量变化趋势

（3）横山断面

横山断面监测数据始于 2014 年。2014～2019 年横山断面水环境质量变化趋势如图 5.3-16 所示。从图中可以看出，2014～2019 年横山断面水环境质量保持较好态势，各年度的水质均达到Ⅱ类水质标准，优于该断面水功能区划要求的水质目标Ⅲ类。

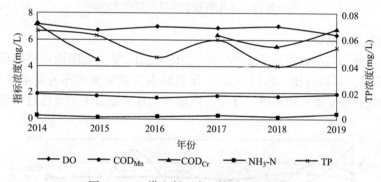

图 5.3-16 横山断面水环境质量变化趋势

（4）三经路口断面

三经路口断面监测数据始于 2015 年。2015～2019 年三经路口断面水环境质量变化趋势如图 5.3-17 所示。可以看出，2015～2019 年期间，三经路口断面水质经历了从好变差再从差变好的一个过程。除了 2017 和 2018 年度的水质是劣Ⅴ类未达到水功能区划的水质目标Ⅲ类外，其余年度的水质均能达到水功能区划的水质目标Ⅲ类。影响该断面水环境质

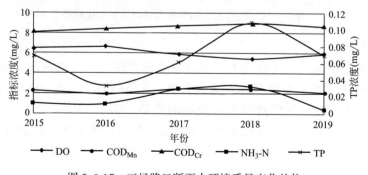

图 5.3-17 三经路口断面水环境质量变化趋势

量的关键水质指标为 DO 和氨氮。总体上，该断面的水质呈现出好转的发展趋势。

（5）天九断面

天九断面监测数据始于 2014 年。2014～2019 年天九断面水环境质量变化趋势如图 5.3-18 所示。可以看出，2014～2019 年天九断面水环境质量均处于较差状态，各年度水质均未能达到水功能区划水质目标Ⅲ类水质标准。其中 2014 年、2015 年、2017 年和 2018 年水质均为劣Ⅴ类。影响该断面水环境质量的关键水质指标为氨氮和 DO。

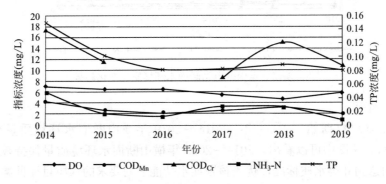

图 5.3-18　天九断面水环境质量变化趋势

（6）胜前水文站断面

胜前水文站断面监测数据始于 2012 年。2012～2019 年天九断面水环境质量变化趋势如图 5.3-19 所示。可以看出，2012～2019 年胜前水文站断面水环境质量保持较好态势，各年度的水质均达到Ⅱ类水质标准，优于该断面水功能区划要求的水质目标Ⅲ类。

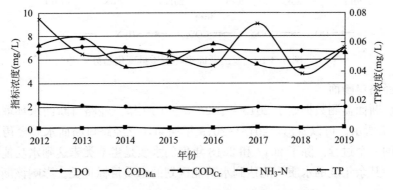

图 5.3-19　胜前水文站断面水环境质量变化趋势

（7）长滩断面

长滩断面为定南水流出江西进入广东的出境监测断面。长滩断面 2010～2019 年水环境质量变化趋势如图 5.3-20 所示。可以看出，长滩断面 2010～2019 年的水环境质量保持较好态势，且水质呈现出持续向好发展的趋势。除 2010 年、2011 年河 2014 年因氨氮超标导致断面水质为Ⅳ类未达到水功能区划水质目标Ⅲ类外，其余各年度的水质均达到水功能区划水质目标Ⅲ类。近 5 年该断面水质达到Ⅱ类水质标准，水质总体呈不断提高的趋势。

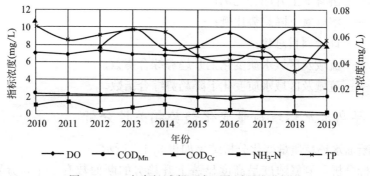

图 5.3-20 定南长滩断面水环境质量变化趋势

5.4 流域水环境质量变化趋势相关性分析

5.4.1 相关性分析方法

采用季节性肯达尔检验法进行流域水质趋势分析。

根据《地表水资源质量评价技术规程》SL395，运用 PWQTrehd 水质分软件（基于非流量调节浓度的季节性 Kendall 检验法），进行各调查断面监测项目的变化趋势分析，从而推算出水质变化趋势。

流域及区域水质变化趋势分析应包括单项水质项目上升趋势水质站比例，下降趋势站比例、无趋势站比例评价，单项水质项目水质变化特征评价和流域及区域水质变化特征 3 项内容。流域及区域单项水质变化趋比例应采用以下公式：

$$TUP_m = \frac{NUP_m}{N}$$

$$TDN_m = \frac{NDN_m}{N}$$

$$N = NUP_m + NDN_m + NNO_m$$

式中　TUP_m——某单项水质项目的上升比例；

　　　TDN_m——某单项水质项目的下降比例；

　　　NUP_m——某单项水质项目上升趋势水质站数；

　　　NDN_m——某单项水质项目下降趋势水质站数；

　　　NNO_m——某单项水质项目无趋势水质站数；

　　　N——进行流域内及区域水质项目趋势分析的水质站总数。

流域及区域单项水质变化趋势分析结果应以综合指数表示，其计算按以下公式：

$$WQTI_{UP} = \frac{\left(\sum_{m}^{M-1} TUP_m + TDN_{DO}\right)}{M}$$

$$WQTI_{DN} = \frac{\left(\sum_{m}^{M-1} TDN_m + TUP_{DO}\right)}{M}$$

式中　TUP_{DO}——溶解氧上升趋势比例；

　　　TDN_{DO}——溶解氧下降趋势比例；

　　　M——评价项目总数；

　　　$WQTI_{UP}$——流域及区域水质变化上升趋势综合指数；

　　　$WQTI_{DN}$——流域及区域水质变化下降趋势综合指数。

5.4.2　寻乌水水环境质量变化趋势相关性分析

寻乌水各断面水环境质量变化分析结果如表 5.4-1 所示。

从污染指标分析，氨氮浓度呈高度显著上升趋势的断面数有 2 个，分别为九曲湾水库、三标；呈显著上升趋势的断面数有 2 个，分别为寻乌新罗墩、菖蒲。呈高度显著下降趋势的断面数 2 个，分别为斗晏、寻乌上石排。无明显变化趋势的断面数 $NNONH$ 为 4 个，分别为澄江、吉潭、寻乌留车、寻乌医院。

高锰酸盐指数高度呈显著上升趋势的断面数 1 个，为斗晏；呈显著上升趋势的断面数 3 个，分别为寻乌罗新墩、菖蒲、寻乌留车。呈显著下降趋势的断面数 1 个，为澄江；下降断面数 $NDN_{COD_{Mn}}$ 为 1 个。无明显变化趋势的断面数 $NNO_{COD_{Mn}}$ 有 5 个，分别为九曲湾水库、吉潭、三标、寻乌上石排、寻乌医院。

溶解氧高度呈显著下降趋势的断面数 4 个，分别为九曲湾水库、寻乌罗新墩、寻乌上石排、寻乌医院；呈显著下降趋势的断面数 2 个，分别为菖蒲、寻乌澄江；下降断面数 NDN_{DO} 为 6 个。无明显变化趋势的断面数 NNO_{DO} 为 4 个，分别为斗晏、吉潭、寻乌留车、三标。

总磷浓度呈显著上升趋势的断面数 1 个，为寻乌留车；呈显著上升趋势的断面数 2 个，分别为寻乌新罗墩、吉潭。呈显著下降趋势的断面数 1 个，为寻乌医院。无明显变化趋势的断面数 NNO_{TP} 有 6 个，分别为九曲湾水库、菖蒲、寻乌澄江、斗晏、三标、寻乌上石排。

寻乌水流域水环境质量变化趋势相关性分析　　　　　　　　　　表 5.4-1

测站名称	水质项目	检测月数	检测年数	浓度中值	浓度变化趋势	变化率	显著水平	评价结论
寻乌澄江	氨氮	12	11	0.19	−0.0001	−0.04%	94.62%	无明显升降趋势
	高锰酸盐指数	12	11	1.70	−0.0179	−1.05%	1.39%	显著下降
	溶解氧	12	11	6.70	−0.0333	−0.50%	2.92%	显著下降
	总磷	12	11	0.0465	−0.0009	−2.03%	25.08%	无明显升降趋势
寻乌吉潭	氨氮	12	6	0.23	−0.0063	−2.72%	68.81%	无明显升降趋势
	高锰酸盐指数	12	6	1.70	0.0000	0.00%	43.36%	无明显升降趋势
	溶解氧	12	6	6.50	−0.0633	−0.97%	15.61%	无明显升降趋势
	总磷	12	6	0.033	0.0027	8.08%	2.48%	显著上升
寻乌三标	氨氮	12	7	0.15	0.0182	12.33%	0.01%	高度显著上升
	高锰酸盐指数	12	7	1.40	0.0000	0.00%	78.81%	无明显升降趋势
	溶解氧	12	7	6.70	−0.0500	−0.75%	16.01%	无明显升降趋势
	总磷	12	7	0.029	0.0014	4.74%	23.91%	无明显升降趋势

测站 名称	水质 项目	检测 月数	检测 年数	浓度 中值	浓度变 化趋势	变化率	显著 水平	评价 结论
九曲湾 水库	氨氮	12	7	0.14	0.0175	12.39%	0.41%	高度显著上升
	高锰酸盐指数	12	7	1.70	0.0000	0.00%	92.99%	无明显升降趋势
	溶解氧	12	7	7.10	−0.1000	−1.41%	0.62%	高度显著下降
	总磷	12	7	0.02	0.0004	2.08%	45.68%	无明显升降趋势
寻乌罗 新墩	氨氮	12	9	0.30	0.0231	7.70%	1.88%	显著上升
	高锰酸盐指数	12	9	1.70	0.0333	1.96%	4.31%	显著上升
	溶解氧	12	9	6.50	−0.1000	−1.54%	0.03%	高度显著下降
	总磷	12	9	0.041	0.0032	7.87%	1.57%	显著上升
寻乌 医院	氨氮	12	11	0.60	−0.0152	−2.54%	12.82%	无明显升降趋势
	高锰酸盐指数	12	11	2.00	0.0000	0.00%	43.99%	无明显升降趋势
	溶解氧	12	11	6.35	−0.0414	−0.65%	0.44%	高度显著下降
	总磷	12	11	0.08	−0.0028	−3.54%	5.59%	显著下降
寻乌上 石排	氨氮	12	9	1.22	−0.2487	−20.47%	0.00%	高度显著下降
	高锰酸盐指数	12	9	1.80	0.0167	0.93%	18.71%	无明显升降趋势
	溶解氧	12	9	6.40	−0.0667	−1.04%	0.17%	高度显著下降
	总磷	12	9	0.047	0.0016	3.48%	19.44%	无明显升降趋势
寻乌 留车	氨氮	12	7	0.23	0.0065	2.84%	76.15%	无明显升降趋势
	高锰酸盐指数	12	7	1.80	0.0500	2.78%	2.40%	显著上升
	溶解氧	12	7	6.55	0.0000	0.00%	65.93%	无明显升降趋势
	总磷	12	7	0.04	0.0048	12.08%	0.11%	高度显著上升
寻乌 菖蒲	氨氮	12	7	0.21	0.0098	4.65%	7.55%	显著上升
	高锰酸盐指数	12	7	1.75	0.0500	2.86%	3.43%	显著上升
	溶解氧	12	7	6.70	−0.1000	−1.49%	2.01%	显著下降
	总磷	12	7	0.05	0.0000	0.00%	86.14%	无明显升降趋势
寻乌 斗晏	氨氮	12	11	0.45	−0.0969	−21.38%	0.00%	高度显著下降
	高锰酸盐指数	12	11	1.70	0.0230	1.35%	0.54%	高度显著上升
	溶解氧	12	11	6.50	−0.0333	−0.51%	12.16%	无明显升降趋势
	总磷	12	11	0.034	−0.0015	−4.54%	11.49%	无明显升降趋势

5.4.3　定南水水环境质量变化趋势相关性分析

从污染指标分析（表 5.4-2），氨氮浓度呈高度显著上升趋势的断面数 2 个分别为三百山、镇岗，显著上升趋势的断面数 3 个分别为横山、礼亨水库、胜前水文站；高度显著下降趋势的断面数 3 个，分别天九、长滩、变电站，下降断面数 3 个；无明显变化趋势的断面数为 2 个，分别为安远孔田、三经路口。

高锰酸盐指数浓度呈显著上升趋势的断面数 1 个为三经路口；呈高度显著下降趋势的

断面数 1 个，为变电站；呈显著下降趋势的断面数 2 个，分别为长滩、胜前水文站；无明显变化趋势的断面数 6 个，分别为安远孔田、三百山、镇岗、横山、天九、礼亨水库。

溶解氧浓度呈高度显著下降趋势的断面数 5 个，分别为安远孔田、三百山、天九、礼亨水库、变电站；呈显著下降趋势的断面数 3 个，分别为镇岗、横山、长滩；无明显变化趋势的断面数 2 个，分别为胜前水文站、三经路口。

总磷浓度呈显著上升趋势的断面数 1 个，为三经路口；呈高度显著下降趋势的断面数 5 个分别为横山、天九、长滩、胜前水文站、变电站，呈显著下降趋势的断面数 1 个为镇岗，下降断面数为 6 个；无明显变化趋势的断面数 3 个分别为安远孔田、三百山、礼亨水库。

定南水流域水环境质量变化趋势相关性分析　　表 5.4-2

测站名称	水质项目	检测月数	检测年数	浓度中值	浓度变化趋势	变化率	显著水平	评价结论
安远孔田	氨氮	12	7	0.16	0.0022	1.36%	57.23%	无明显升降趋势
	高锰酸盐指数	12	7	1.80	0.0000	0.00%	44.22%	无明显升降趋势
	溶解氧	12	7	7.05	−0.1333	−1.89%	0.08%	高度显著下降
	总磷	12	7	0.038	0.0000	0.00%	82.71%	无明显升降趋势
安远三百山	氨氮	12	7	0.14	0.0130	9.36%	0.48%	高度显著上升
	高锰酸盐指数	12	7	1.60	0.0000	0.00%	50.35%	无明显升降趋势
	溶解氧	12	7	7.10	−0.1225	−1.73%	0.19%	高度显著下降
	总磷	12	7	0.026	0.0014	5.45%	27.57%	无明显升降趋势
安远镇岗	氨氮	12	11	0.14	0.0086	6.31%	0.05%	高度显著上升
	高锰酸盐指数	12	11	1.63	0.0000	0.00%	61.52%	无明显升降趋势
	溶解氧	12	11	7.05	−0.0500	−0.71%	1.19%	显著下降
	总磷	12	11	0.038	−0.0015	−3.82%	7.91%	显著下降
定南礼亨水库	氨氮	12	6	0.14	0.0136	9.73%	1.97%	显著上升
	高锰酸盐指数	12	6	1.80	0.0125	0.69%	40.32%	无明显升降趋势
	溶解氧	12	6	7.00	−0.1292	−1.85%	0.01%	高度显著下降
	总磷	12	6	0.0135	0.0020	14.81%	11.00%	无明显升降趋势
定南三经路口	氨氮	12	6	0.66	0.0079	1.20%	87.08%	无明显升降趋势
	高锰酸盐指数	12	6	2.10	0.1292	6.15%	1.16%	显著上升
	溶解氧	12	6	6.10	−0.1000	−1.64%	12.34%	无明显升降趋势
	总磷	12	6	0.0445	0.0104	23.30%	0.03%	高度显著上升
定南变电站	氨氮	12	9	5.4700003	−1.13	−20.66%	0.00%	高度显著下降
	高锰酸盐指数	12	9	3.2	−0.098077	−3.06%	0.45%	高度显著下降
	溶解氧	12	9	6	−0.1	−1.67%	0.11%	高度显著下降
	总磷	12	9	0.121	−0.009583	−7.92%	0.00%	高度显著下降

续表

测站名称	水质项目	检测月数	检测年数	浓度中值	浓度变化趋势	变化率	显著水平	评价结论
定南天九	氨氮	12	7	1.95	−0.4627	−23.73%	0.01%	高度显著下降
	高锰酸盐指数	12	7	2.70	−0.0900	−3.33%	17.57%	无明显升降趋势
	溶解氧	12	7	6.20	−0.2000	−3.23%	0.00%	高度显著下降
	总磷	12	7	0.082	−0.0068	−8.33%	0.10%	高度显著下降
定南胜前水文站	氨氮	12	9	0.17	0.0080	4.80%	2.20%	显著上升
	高锰酸盐指数	12	9	1.80	−0.0250	−1.39%	3.98%	显著下降
	溶解氧	12	9	6.70	0.0000	0.00%	87.94%	无明显升降趋势
	总磷	12	9	0.05	−0.0033	−6.50%	0.09%	高度显著下降
定南横山	氨氮	12	7	0.20	0.0160	8.10%	3.72%	显著上升
	高锰酸盐指数	12	7	1.80	0.0167	0.93%	20.97%	无明显升降趋势
	溶解氧	12	7	6.90	−0.0750	−1.09%	1.95%	显著下降
	总磷	12	7	0.0495	−0.0036	−7.24%	0.42%	高度显著下降
定南长滩	氨氮	12	11	0.42	−0.0491	−11.69%	0.01%	高度显著下降
	高锰酸盐指数	12	11	2.00	−0.0250	−1.25%	5.61%	显著下降
	溶解氧	12	11	6.60	−0.0333	−0.51%	8.95%	显著下降
	总磷	12	11	0.049	−0.0025	−5.03%	0.18%	高度显著下降

5.5 污染负荷及治理状况

对东江源区水资源的主要威胁因子（生活污染、农业面源污染、工业园区和矿区污染）进行科学全面的调查，重点调查威胁因子的种类、分布范围和数量、发展趋势及其对生态环境的影响等内容，通过对威胁因子进行分级和排序，系统分析和评价威胁因子对源区生态环境和生态安全的影响程度，为源区生态环境保护与修复的对策措施、生态风险管控和防范提供科学依据。

5.5.1 生活污染源

1. 污染源负荷估算

根据《第二次全国污染源生活污染源产排污系数手册（试用版）》，可以估算出东江源区居民生活污水及其污染物排放情况（表 5.5-1）。此外，根据《全国污染源普查城镇生活源产排污系数手册》，江西城镇居民生活垃圾量为 0.60 kg/(人·d)，以此估算东江源区生活垃圾污染产生情况，见表 5.5-2。

东江源区居民生活污水及其污染物排放情况（2018年）　　　表 5.5-1

控制单元	县域	流经乡镇	污水排放量（万 t/a）	污染物排放量(t/a)				备注
				COD_{Cr}	NH_3-N	TN	TP	
寻乌水	寻乌县	长宁镇	192.00	691.20	52.61	72.58	8.56	
		留车镇	58.68	307.38	27.29	38.07	3.36	
		南桥镇	65.36	326.11	28.50	39.72	3.62	
		吉潭镇	44.25	254.18	23.19	32.41	2.71	
		澄江镇	64.41	333.39	29.48	41.13	3.66	
		桂竹帽镇	21.60	121.98	11.07	15.47	1.31	
		文峰乡	48.14	280.98	25.74	36.00	2.98	
		三标乡	27.08	141.67	12.57	17.54	1.55	
		龙廷乡	14.67	68.32	5.83	8.11	0.77	
		项山乡	17.07	81.16	6.97	9.71	0.91	
		水源乡	25.07	130.91	11.61	16.20	1.43	
		丹溪乡	27.46	148.95	13.36	18.66	1.61	
	会昌县	清溪乡	0.31	1.88	0.17	0.24	0.02	
	小计		606.1	2167.88	143.66	234.08	25.62	剔除削减量
定南水	安远县	孔田镇	58.51	320.54	28.85	40.29	3.46	
		鹤子镇	27.93	160.41	14.63	20.45	1.71	
		三百山镇	27.48	166.52	15.41	21.56	1.75	
		镇岗乡	23.69	143.87	13.32	18.64	1.51	
		凤山乡	19.64	119.30	11.05	15.46	1.25	
		欣山镇大坝头村	0.00	0.00	0.00	0.00	0.00	
		新龙乡七磜村	0.46	2.66	0.24	0.34	0.03	
		高云山乡沙含村、官铺村	5.59	32.83	3.01	4.21	0.35	
	定南县	鹅公镇	55.03	330.09	30.47	42.62	3.48	
		历市镇	229.36	982.03	81.07	112.54	11.44	
		龙塘镇	30.59	173.60	15.78	22.06	1.86	
		天九镇	43.65	238.73	21.47	29.99	2.58	
	龙南市	汶龙镇上庄村胡坑片	0.89	5.38	0.50	0.70	0.06	
		南亨乡三星村田螺湖片	0.00	0.00	0.00	0.00	0.00	
	小计		522.82	2253.01	178.28	283.19	24.71	剔除削减量
老城河	定南县	岿美山	22.94	127.94	11.57	16.17	1.38	
		老城镇	34.97	181.55	16.07	22.42	1.99	
	小计		57.91	239.84	18.27	31.02	2.58	剔除削减量

续表

控制单元	县域	流经乡镇	污水排放量（万 t/a）	污染物排放量(t/a)				备注
				COD$_{Cr}$	NH$_3$-N	TN	TP	
篁乡河	寻乌县	晨光镇	43.36	230.55	20.56	28.70	2.51	
		菖蒲乡	26.74	143.59	12.84	17.93	1.56	
	小计		70.1	342.2	28.24	41.03	3.69	剔除削减量
合计			1256.93	5002.93	368.45	589.32	56.61	

东江源区生活垃圾污染源情况（2018 年）　　　　表 5.5-2

控制单元	县域	流经乡镇	生活垃圾产生量(t/d)
寻乌水	寻乌县	长宁镇	33.43
		留车镇	18.55
		南桥镇	19.25
		吉潭镇	15.93
		澄江镇	20.01
		桂竹帽镇	7.59
		文峰乡	17.71
		三标乡	8.54
		龙廷乡	3.90
		项山乡	4.68
		水源乡	7.89
		丹溪乡	9.12
	会昌县	清溪乡	0.12
	小计		**166.72**
定南水	安远县	鹤子镇	10.05
		孔田镇	19.71
		镇岗乡	9.20
		三百山镇	10.64
		凤山乡	7.63
		欣山镇大坝头村	0.00
		新龙乡七碛村	0.17
		高云山乡沙含村、官铺村	2.07
	定南县	鹅公镇	21.02
		历市镇	53.48
		龙塘镇	10.83
		天九镇	14.67
	龙南市	汶龙镇	0.34
	小计		**159.81**

控制单元	县域	流经乡镇	生活垃圾产生量(t/d)
老城河	定南县	岿美山	7.92
		老城镇	10.91
	小计		18.83
篁乡河	寻乌县	晨光镇	14.00
		菖蒲乡	8.76
	小计		22.76
合计			368.12

2. 生活污染治理状况

（1）生活污水治理状况

为了解决东江源区城镇（片区）产生的生活污水，各县中心城镇分别建设了县污水处理厂。目前东江源区各县已运营的污水处理厂有寻乌县污水处理厂（设计 2 万 t/d，现运营一期 1 万 t/d）、安远县污水处理厂（1 万 t/d）、定南县污水处理厂（一期 1 万 t/d 已运营，二期已完成投资建设目前正在设备调试，一二期合计 2.5 万 t/d）、龙南市污水处理厂（2 万 t/d）和会昌县污水处理厂（一期 1 万 t/d 和二期 1 万 t/d）5 座。

为了改善东江源头各乡镇生态环境，各县在建制镇分别建设了乡镇污水处理厂及配套管网设施。安远县分别在凤山、镇岗、三百山、孔田、鹤子 5 个建制镇建设（在建）乡镇污水处理厂及配套管网设施。其中，三百山镇污水处理厂占地面积 6400m²，处理规模 4000t/d，铺设截污干管 5km，污水管网 8km；孔田镇污水处理厂占地面积 6400m²，处理规模 4000t/d，铺设截污干管 5km，污水管网 11km；鹤子镇污水处理厂占地面积 4800m²，处理规模 3000t/d，铺设截污干管 3km，污水管网 6km；凤山乡污水处理厂占地面积 3840m²，处理规模 3000t/d，铺设截污干管 3km，污水管网 8km；镇岗乡污水处理厂占地面积 4800m²，处理规模 2400t/d，铺设截污干管 2km，污水管网 7km。目前，安远县已建成试运行或运营的乡镇污水处理厂分别为三百山镇污水处理厂（试运营 1500t/d）、孔田镇污水处理厂（试运营 1200t/d）、凤山乡污水处理厂（试运营 1000t/d）、镇岗乡污水处理厂（已运行 500t/d）。此外，定南县有 5 个乡镇污水处理厂已建成投入运营，分别为天九集镇污水处理厂（500t/d）、岿美山集镇污水处理厂（750t/d）、龙塘集镇污水处理厂（750t/d）、鹅公集镇污水处理厂（调试中、3000t/d）、精细化工产业园污水处理厂（2000t/d），合计设计规模 7000t/d。寻乌县东江源区有 7 个乡镇污水处理厂也已建成投入运营，分别为留车镇污水处理厂（800t/d）、南桥镇污水处理厂（505t/d）、三标乡污水处理厂（500t/d）、晨光镇污水处理厂（800t/d）、澄江镇污水处理厂（800t/d）、吉潭镇污水处理厂（600t/d）、桂竹帽镇污水处理厂（300t/d），合计设计规模 4305t/d。

目前，部分县镇污水处理厂出水水质排放标准采用《城镇污水处理厂污染物排放标准》GB18918 一级 B 标准。随着东江源区水环境要求的提高，这些污水处理厂将逐步提标为一级 A 标准。其中寻乌县及乡镇污水处理厂、定南县及乡镇污水处理厂、安远县乡镇污水处理厂尾水排入东江源，而安远县、龙南市及会昌县污水处理厂尾水排入赣江（流域外）。

（2）生活垃圾治理状况

东江源区各县生活垃圾处理模式均为"村收集、镇转运、县填埋"，同时政府也推广生活垃圾分类处理方式，能回收利用的回收再利用，不能回收的垃圾统一运送到垃圾填埋场进行卫生填埋。目前各县均已建设完成污染防治设施完善的生活垃圾填埋场共6座。其中，龙南市和会昌县已建成的大型垃圾填埋场均地处赣江流域。

寻乌县现有一座县级垃圾填埋场和一座乡镇生活垃圾填埋场，正在规划建设一座乡镇生活垃圾填埋场。原石排垃圾场于2008年文峰乡石排村建成，为简易垃圾填埋场，无任何污染防治设施，已于2013年封场，但仍存在长期的废水污染问题。为防治环境污染，寻乌县于2013年建成新的生活垃圾卫生填埋场，该场位于文峰乡上甲村园墩背，起始处理规模70t/d，后期处理规模按5%的年增长率逐年增加，服务年限为19年。寻乌县留车镇生活垃圾填埋场，位于留车镇雁洋村深坑里，起始处理规模84.3t/d，服务年限为17年。另有一座规划建设的乡镇生活垃圾填埋场，即澄江镇生活垃圾填埋场，位于澄江镇汶口村，起始处理规模100t/d，服务年限为17年。

安远县现有两座垃圾填埋场，一座是安远县城生活垃圾卫生填埋场，位于欣山镇古田村下山坝，处理规模90t/d，服务年限为17年；一座是安远县东江源孔田生活垃圾卫生填埋场，位于孔田镇太平村老鸦坑，平均处理规模90t/d，服务年限为17年。

定南县现有一座垃圾填埋场，为2002年在老城镇黄砂村小黄坝山坳设置的定南县小黄坝生活垃圾卫生填埋场1号库区，但该场为简易垃圾填埋场，处理方式为简易填埋，无污染防治设施，存在长期的废水污染问题。为防治环境污染，实现全县生活垃圾无害化处理，定南县于2017年12月开工对小黄坝生活垃圾卫生填埋场1号库区进行整治，2018年12月完工。起始处理规模90t/d，远期为200t/d，填埋场设计使用年限10年。

5.5.2 工业污染

东江源区经济相对较落后，工业基础薄弱。在已有的工业企业中，规模相对较小，大多已入园，污水处理设施也在逐步规划建设运营。其中定南县在运行的工业园区有2所，分别是定南工业园区和老城精细化工工业园区；寻乌县的工业园区有三所，分别是石排工业园、黄坳工业园和杨梅园区，并配备相应的污水处理厂；安远县在东江源区无工业园区。东江源区各县工业园区污水处理厂及配套管网建设情况、东江源区工业园区企业名单见社会经济分册，其中寻乌县共计90家企业、定南县共计86家企业。东江源区工业园区企业排污情况见社会经济分册。

1. 工业园区概况

寻乌工业园区位于文峰乡石排村、黄坳村和南桥镇珠村，距离县城3～12km。目前，工业园区规划面积近2万亩，形成了一园四区的新格局，分别是以稀土深加工、应用产品为主的时代创意工业小区，以陶瓷、新型建材为主的石排工业小区，以轻纺、电子、食品、制药、机械加工等劳动密集型和高新科技项目为主的黄坳工业小区，以及正在规划兴建的南桥工业新区。206国道贯穿园区，瑞寻高速公路南桥出口离园区不到1km；园区内建有110kV变电站2座和35kV输变电站1座，正在规划建设220kV变电站1座；园区日供水能力达到15000t，日供水2万t以上的工业园区自来水厂正在规划中；黄坳工业小区内建有城市污水处理厂1座，日处理生活污水处理能力达2万t。

定南工业园区现有富田、老城等工业区，其中富田工业小区规划面积 15000 亩，现已开发面积约 8000 亩；老城工业小区规划面积 7500 亩，已完成开发面积约 1500 亩；目前工业园区入园企业 132 家，建成投产企业 98 家，在建企业项目 34 家，规模以上企业 45 家，解决就业 1 万多人。已建成两座工业污水处理厂并投入运营（富田工业区污水处理厂、老城精细化工产业园区污水处理厂），定南工业园区现已形成较完善的水网、电网、路网、污水管网及建有公租房等生产、生活设施。

2. 工业园区环境风险评价

工业园区环境风险评价通过现场调查及专家打分等形式，运用层次分析法（AHP）构建东江源区风险结构模型。AHP 是一种定性和定量相结合、系统化和层次化的分析方法，主要解决由众多因素构成且因素之间相互关联、相互制约并缺少定量数据的系统分析问题。通过与相关标准对接以及在专家咨询的基础上，给出工业园区环境风险评价模型中各项指标数值（表 5.5-3）。工业园区环境风险评价 AHP 模型如图 5.5-1 所示。

工业园区环境风险评价指标打分表　　　　　　　　　　表 5.5-3

指标类型	分值				
	5	4	3	2	1
行业类别	化工、石化	危险品贮存和运输、使用有毒有害物质	医药、电镀、有色金属冶炼	机械制造、建筑施工、交通运输	其他
生产工艺	国内落后,高危生产工艺	国内一般,高危生产工艺	国内先进,高危生产工艺	国内领先	国际领先
物质危险性	极度危险	高度危险	中度危险	低危险	极低危险
主要原料最大储存量与临界值之比	>1.0	0.8~1.0	0.5~0.8	0.3~0.5	≤0.3
原料中有毒有害物质和危险化学品的使用量所占比例(%)	>40	25~40	10~25	5~10	≤5
危险废物处理处置方式	企业无资质,仍旧自行处理	企业有资质自行处理或运到工业园区外交给有资质企业处理	企业有资质自行处理或运到工业园区外交给有资质企业处理	企业有资质自行处理或运到工业园区外交给有资质企业处理	企业有资质自行处理或运到工业园区外交给有资质企业处理
污染物排放浓度达标情况	全部不达标排放	部分指标达标排放	满足污水处理厂进口浓度	自行处理达标排放	好于国家地方排放标准
污染物排放方式	直排	部分直排	进污水集中管网	进污水集中管网,部分自行处理达标排放	进污水集中管网,部分自行处理达标排放
环境管理体系	无	管理体系简单,无专门的环境管理机构	管理体系相对完善,有专门的环境管理机构	管理体系相对完善,有专门的环境管理机构	管理体系完善有专门的环境管理机构通过ISO14000认证

续表

指标类型	分值				
	5	4	3	2	1
环境风险管理制度	无	初级的安全管理制度	完善的安全管理制度	完善的安全管理制度	完善的安全管理制度且有环境风险监管机制
事故应急预案	无	列入编制计划	初级的应急预案	完善的应急预案	完善的应急预案且有事故应急演习
设备保养维护周期	无维护	不定期	严格按照设备维护期的规定定期维护	严格按照设备维护期的规定定期维护	严格按照设备维护期的规定定期维护
员工安全培训	无	不定期	1 年	0.5 年	季度
环境监控情况	无	不定期人工监测	定期人工监测	自动在线监测（常规指标）	自动在线监测（常规指标和行业特征指标）
保护区域类型	Ⅰ	Ⅱ	Ⅲ	Ⅳ	Ⅴ
受纳水体的质量功能分区	Ⅰ	Ⅱ	Ⅲ	Ⅳ	Ⅴ
受纳大气环境质量功能分区	Ⅰ	Ⅱ	Ⅲ	Ⅳ	Ⅴ
企业内抵触毒物的人数比例（%）	＞50	30～50	20～30	10～20	≤10
企业周边居民密度（人/km²）	＞2000	1000～2000	800～1000	300～800	≤300

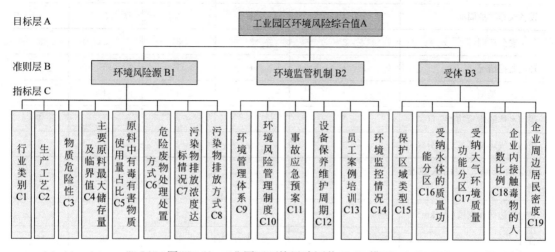

图 5.5-1　工业园区环境风险评价 AHP 模型

如表 5.5-4 所示，定南县工业园区平均得分 53.5 分，高于寻乌县的平均分 39 分，定南县工业园区环境风险为源区三县最高，主要原因在于定南县工业园区工业企业以化工和电路板企业为主，加工生产涉及较多有毒有害气体和中间产物的排放，从而对东江源水环境产生较大的影响；寻乌县虽然工业园区多于定南县，但工业园区以通用设备、食品、建筑材料生产加工类型企业为主，故而平均得分较低。另外，寻乌黄坳工业园部分企业处于停产或在建状态，杨梅工业园绝大多数都在建，这也在一定程度上降低拉低了寻乌县工业园区的平均得分。

工业园区得分表   表 5.5-4

指标类型	工业园区环境风险评价指标得分分值				
	老城精细化工产业园	定南工业园	石排工业园	黄坳工业园	杨梅园区
行业类别	5	5	2	1	1
生产工艺	5	4	3	2	2
物质危险性	3	2	2	1	1
主要原料最大储存量与临界值之比	4	4	2	2	1
原料中有毒有害物质和危险化学品的使用量所占比例(%)	5	4	2	1	1
危险废物处理处置方式	1	1	1	1	1
污染物排放浓度达标情况	3	3	3	3	3
污染物排放方式	3	3	3	3	3
环境管理体系	2	2	2	2	2
环境风险管理制度	5	1	1	1	1
事故应急预案	1	1	1	1	1
设备保养维护周期	4	4	4	3	3
员工安全培训	3	3	3	3	3
环境监控情况	1	1	1	3	3
保护区域类型	4	4	4	4	4
受纳水体的质量功能分区	4	4	4	4	4
受纳大气环境质量功能分区	3	3	2	1	1
企业内抵触毒物的人数比例(%)	1	1	1	1	1
企业周边居民密度(人/km²)	1	1	1	1	1
合计	58	51	42	38	37

注：表中指标采用 5 分制，分值越高风险源级别越高。

近年来定南工业园区投产企业（含租赁厂房企业）已全部接入污水管网，做到应收尽收，企业排放污水达到纳管标准，经污水处理厂处理后按《城镇污水处理厂污染物排放标准》GB 18918 一级 B 标准达标排放。这将极大地改善东江水环境状况，定南的环境风险源评价得分还能进一步的降低。

5.5.3　农业面源污染

传统的农户经济以"畜—肥—粮"循环为主要的生产模式，在农业生产上形成了一定的生态平衡体系，畜禽粪便作为有机肥料及时使用，不会产生较大的环境污染问题。但随着近年来畜禽养殖量的不断增加和畜禽养殖业向集约化、规模化发展，造成农牧严重脱节，规模化畜禽养殖粪便产生量大、过于集中，不可能完全实现合理的直接还田利用。第一次全国污染源普查资料显示，在我国主要污染物排放量中，农业源占大部分，我国农业生产（包括畜禽养殖业、水产养殖业与种植业）排放的 COD、氮、磷等主要污染物量，已远远超过工业与生活源，成为污染源之首。

1. 畜禽养殖排污量核算

东江源区畜禽养殖种类以生猪为主，兼有少量的肉牛、肉鸡、蛋鸡、鹅、鸽和羊。东江源区出栏（存栏）量生猪为 45.60 万头，肉牛为 370 头，肉鸡为 83.03 万羽，蛋鸡为 15.00 万羽，鸭为 8400 羽，鹅为 1200 羽，鸽为 2 万羽，羊为 120 头。根据东江源区各县提供的资料，对东江源区畜禽养殖业的种类、出栏（存栏）量、粪尿污染处理工艺和排污量进行统计、分析和核算。

根据畜禽养殖产污量、规模化畜禽养殖场污染物去除效率和养殖专业户的排污系数，东江源区畜禽养殖污染物排放量见社会经济分册。经核算，东江源区畜禽养殖污染物中 COD 排放量为 3093.09t，总氮排放量为 1196.47t，总磷排放量为 197.97t，氨氮排放量为 487.97t。各控制单元畜禽养殖污染物排放量占比如表 5.5-5 所示，定南水区域是东江源区畜禽污染源主要排放区域，COD、总氮、总磷和氨氮排放量分别占源区畜禽污染物排放总量的 56.44％、59.65％、56.61％和 62.33％。其次是寻乌水和篁乡河，占比最小的是老城河。

各控制单元畜禽养殖污染物排放量占比（单位：%）　　　　表 5.5-5

控制单元	COD	总氮	总磷	氨氮
寻乌水	21.24	17.33	21.43	13.59
定南水	56.44	59.65	56.61	62.33
老城河	7.63	6.86	6.44	6.99
篁乡河	14.69	16.16	15.52	17.09
合计	100	100	100	100

2. 种植业排污量核算

根据各县提供的种植业相关统计数据，东江源区水田 184.24km²，旱地 25.30km²，园地 543.64km²。种植业排污量依照农业源减排核算体系中的方法进行核算。根据主要土地利用类型和排污特点将种植业分为水田、旱地、园地三类。种植业只计算排污量（流失量），污染物指标为总氮、总磷和氨氮。

东江源区各控制单元种植业排污量经核算，东江源区内种植业流失总氮969.99t，流失总磷88.24t，流失氨氮131.20t。各控制单元污染物排放量占比如表5.5-6所示，寻乌水区域是东江源区种植业污染物排放量的主要区域，总氮、总磷和氨氮排放量分别占源区排放量的61.07%、56.83%和52.69%。其次是定南水区域，再次是篁乡河区域，占比最小的是老城河区域。

各控制单元种植业污染物排放量占比（单位:%）　　　　　　　表5.5-6

控制单元	总氮	总磷	氨氮
寻乌水	61.07	56.83	52.69
定南水	29.62	33.13	36.56
老城河	1.97	2.33	2.69
篁乡河	7.34	7.71	8.06
合计	100	100	100

3. 水产养殖业排污量核算

东江源区水产养殖的主要产品为四大家鱼、鲟鱼、贝类和蛙，鱼类总计9351.3t，虾类总计15t，其他总计323.88t。水产养殖业排污量核算参照农业源减排核算体系中的方法进行核算，根据东江源区的水产养殖种类，计算鱼类、虾类、贝类和其他四大类的排污量。东江源区水产养殖业各控制单元污染物排放量占比如表5.3-7所示，定南水区域是东江源区水产养殖业污染物排放量的主要区域，COD、总氮、总磷和氨氮排放量分别占源区排放量的66.41%、69.57%、68.12%和67.31%。其次是老城河区域，再次是寻乌水区域，占比最小的是篁乡河区域。

各控制单元水产养殖业污染物排放量占比（单位:%）　　　　　　表5.5-7

控制单元	COD	总氮	总磷	氨氮
寻乌水	12.62	8.49	10.44	11.46
定南水	66.41	69.57	68.12	67.31
老城河	18.05	18.90	18.51	18.26
篁乡河	2.92	3.04	2.93	2.97
合计	100	100	100	100

4. 农业源排污总量估算

各控制单元农业源污染物排放量占比如5.3-8所示。从控制单元分布来看，定南水区域是东江源区农业源污染排放的主要区域，COD、总氮、总磷和氨氮排放量分别占东江源区的57.43%、46.73%、49.73%和57.03%。其次是寻乌水区域，再次是篁乡河区域，占比最小的是老城河区域。

各控制单元农业源污染物排放量占比（单位:%）　　　　　　　表5.5-8

控制单元	COD	总氮	总磷	氨氮
寻乌水	20.39	36.27	31.93	21.72
定南水	57.43	46.73	49.73	57.03

续表

控制单元	COD	总氮	总磷	氨氮
老城河	8.65	4.99	5.42	6.26
篁乡河	13.53	12.01	12.92	14.99
合计	100	100	100	100

从污染物排放量占比情况来看，东江源区的畜禽养殖排污较多。我国畜禽养殖不断向规模化、集约化转变的同时，畜禽粪污大幅增加，由于还田利用不畅、综合利用水平不高，既浪费了宝贵的资源，也对环境造成了污染。群众环境投诉以及污染纠纷案件不断增多，已成了现在社会非常关心的问题之一。这就要求在大力推进畜禽标准化规模养殖的同时，不断探索畜禽粪污资源化利用机制和发展模式，促进畜牧业与农村生态建设的协调可持续发展。根据 2018 年江西省农业农村厅（原江西省农业厅）公布的江西 22 个国家级生猪养殖大县，定南县为其中之一。定南县的多数镇位于东江源区的定南水区域，该区域是农业源污染物排放量最多的区域，尤其是畜禽养殖污染排放量。畜禽粪污资源化利用问题，成了畜禽养殖业发展的瓶颈。唯有解决好畜禽养殖量与环境容量相适应、畜禽饲养排泄物与土地种植消纳循环利用、畜禽养殖粪污利用设施与养殖规模匹配等问题，在畜禽粪污治理时应用"农牧结合，入地利用"的"零排放"方式，才能使畜牧业与种植业、农村生态建设互动协调发展。

5. 农业污染防治措施

（1）畜禽污染治理措施

根据各县提供的统计资料，依照《第一次全国污染源普查畜禽养殖业产排污系数与排污系数手册》从养殖数量对规模化养殖场、畜禽养殖专业户和散户进行区分的定义来看，东江源区各控制单元规模化率参差不齐，以篁乡河区域规模化率最高，为 90.25%，其次是定南水区域的 86.69%，再次是老城河的 60.71%，寻乌水最低，仅 23.15%，整个东江源区平均规模化率接近 80%。统计数据显示规模化养殖是东江源区的主要养殖模式，养殖专业户其次，散户相对较少。根据调研资料，专业户和散户的畜禽污染治理措施主要有简单发酵后直接排放、"种-养"结合、沼气利用等几种方式。规模化畜禽养殖场的污染治理措施主要有：

① 农业利用。大部分的畜禽粪便处理方式是堆肥后农业利用。简易堆肥的处理方式不仅能杀死畜禽粪便中的细菌和病原微生物，而且设备和场地的投资少。小部分直接农业利用，这容易对农村环境产生污染，尤其是暴雨径流使附近河流甚至饮用水井受到污染风险。如果过量粪便直接排入鱼塘，畜禽粪便所携带的病原微生物、寄生虫卵易使鱼塘成为传染病源；同时粪便废水会在分解过程中大量消耗鱼塘里的氧气，使鱼塘溶解氧浓度下降，容易导致鱼类死亡。许多规模化养殖场未配备足够的消纳土地，农牧生产严重脱节。

② 沼气利用。流域内养殖场畜禽养殖废水处理主要以厌氧处理＋农业利用方式为主，大部分规模化养殖场都建有沼气池，但其中相当一部分的沼气池未达到减排核算细则中所规定的技术要求，在降雨和非种植季节不能满足储存要求，给周围环境带来一定的安全隐患。

③ "公司＋农户"模式。极少部分农户与公司合作，这种模式一般会对养殖场进行改

造，增加污染物处理措施，如水污分离、雨污分离、干湿分离等。粪污经发酵、有机肥生产等工艺后进入农田、果园或林地。该模式对环境污染相对较小。

④ 多工艺组合。在高环保要求下，源区开始出现采用多种工艺处理、利用粪污产品，最终实现污染物极少排放的养殖模式。如粪污经沼气发电（与市电并网），进一步发酵后沼液可作为营养液种植蔬菜、喷雾果树和经济林木，该养殖模式能充分利用粪污营养，对环境影响较小。

此外，东江源区的部分畜禽养殖场的环境管理问题凸显，如"雨污分离、干湿分离、固液分离"的综合处理水平不够，粪便堆放场防雨防渗措施不到位，畜禽养殖污染防治未在相关政策中充分体现，畜禽养殖场不严格执行环保部门的相关规定和政策等。

（2）种植业污染治理措施

种植业污染来源主要是农药和化肥的使用。在农药使用和控制方面，由于农业集约化程度较低，种植、养殖生产方式落后，存在施用强度过高的情况。如寻乌水区域，农药施用强度高于全国和全省平均水平。目前各区域为控制农药作出了一些努力，如安远县通过实行统防统治的减量控制，科学用药，提高使用效率，2018年农药使用量比上一年度减少了6%以上；寻乌水区域通过生物诱捕害虫的技术，少量果园减少了杀虫剂的使用。在化肥使用和控制方面也存在施用强度过高的情况，由于没有生态沟渠的截留，除作物吸收外的营养物质，剩余化肥都排入自然水体，对水质产生不利影响。安远县通过努力推进测土配方施肥、液体肥水溶肥、滴灌喷施科学用肥方式和有机肥资源利用，有效降低了化肥使用带来的污染，提升了土壤地力水平。会昌县通过水肥一体化等农业综合节水技术，提高了肥料利用率。

寻乌县的高标准农田建设项目于2019年度已顺利完成招投标、设计等工作，目前项目建设正在紧张实施中。高标准基本农田是一定时期内，通过土地整治建设形成的集中连片、设施配套、高产稳产、生态良好、抗灾能力强，与现代农业生产和经营方式相适应的基本农田。

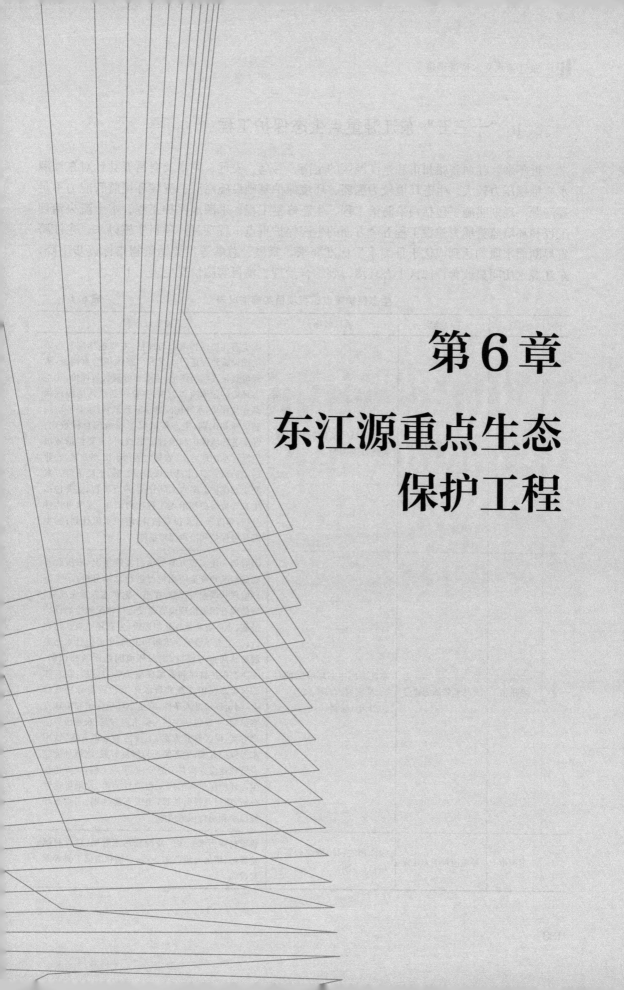

第6章

东江源重点生态
保护工程

6.1 "十三五"东江源重点生态保护工程

近年来,江西省赣州市和东江源区的定南、寻乌、安远、龙南及会昌五县针对东江源水质维稳压力较大、生态环境较为脆弱、环境保护基础设施滞后、流域环境监管能力不足等问题,规划实施了包括污染防治工程、生态修复工程、水源地保护工程、水土流失治理工程和环境监管能力建设工程五个方面的生态保护重点工程项目。项目实施以来,东江跨省界断面水质均达到或优于Ⅲ类水质标准要求,氨氮、总磷等主要污染物指标逐步下降,东江源水质明显改善,源区生态环境得到综合治理。项目实施情况见表6.1-1。

生态保护重点工程项目实施情况表　　　　　　　　　表 6.1-1

序号	县区	工程类别	项目名称	主要建设内容
1	赣州市	环境监管能力建设	东江流域环境保护和治理实施方案编制	①生态环境现状调查与评估,主要包括现有污染治理设施建设运行状况和生态保护措施调查,水环境质量现状与评价,生态环境现状与评价;②生态环境问题诊断和识别,主要包括水污染源现状调查与评价,水环境问题诊断和识别,生态环境问题诊断和识别,生态环境保护和治理目标设定;③生态环境保护和治理方案编制,主要包括城镇生活污水治理方案,农村生活污水治理方案,农业污染治理方案,生活垃圾治理方案,矿区治理方案和生态保护方案六大部分;④重点工程,主要包括生态环境保护和治理工程项目清单、效果可达性分析,年度项目及投资估算,组织实施计划;⑤生态环境保护和治理保障措施
2	赣州市	环境监管能力建设	东江流域生态环境保护和治理实施方案(2019～2021年)编制	①对第一轮实施方案的项目实施情况、水质改善完成情况和资金使用情况进行总结分析;②生态环境现状调查与评估:在第一轮实施方案完成后,评估现有污染治理设施建设运行状况和生态保护措施,水环境质量现状与评价,生态环境现状与评价;③生态环境问题诊断和识别:主要包括水污染源现状调查与评价,生态环境问题诊断和识别;④生态保护红线和资源环境承载力分析:在东江源区生态保护红线和资源环境承载力分析基础上,制定环境准入条件;⑤生态环境保护和治理方案编制,主要包括生活污染治理方案、农业污染治理方案、矿区修复方案、工业污染治理方案、饮用水源保护方案、生态保护与修复方案、流域环境综合管理建设方案共七部分;⑥重点工程,主要包括生态环境保护和治理工程项目清单、效果可达性分析,项目及投资估算,组织实施计划;⑦生态环境保护和治理保障措施
3	定南市	环境监管能力建设	定南市农村环境综合整治项目(一期)	建设村镇污水处理厂及配套污水管网,建设村镇垃圾站,增加垃圾收集容器、车辆和清扫工具等配套设施

序号	县区	工程类别	项目名称	主要建设内容
4	定南市	环境监管能力建设	定南市生态环境检测监管能力项目(二期)	①礼亨水库饮用水源地监测站房1座;②采样栈桥系统1套;③在线五参数水质分析仪、在线高锰酸盐指数、氨氮、总磷、总氮、叶绿素、透明度等监测设备及辅助仪器;④自动化集成系统1套;⑤数据监控中心平台系统1套;⑥子站端数采平台系统1套;⑦监测站基础配套设施(电气系统、恒温设备、防雷系统、办公设施等)1批;⑧配备无人机、激光测距仪、GPS定位仪、便携式取证设备、移动执法设备及执法终端设备、暗管探测器、便携式水质分析仪器等
5	寻乌县	生态修复	水环境垃圾清理工程(一期)	净化寻乌县内干流及一、二、三级支流河道;利用帆船等打捞河道水面垃圾
6	寻乌县	生态修复	寻乌县斗晏水库库区水体自净恢复工程	①建设针对斗晏水库编制水污染防治综合方案,筛选主要污染源,对症治污;②根据目前斗晏水库的实际情况,进行水质净化、污染物吸收;生物浮床、人工生物膜、入库前建设生态坡、生态沟、生态浮床;库尾建设人工湿地、曝气设施、生态透水坝等
7	寻乌县	生态修复	寻乌县水环境垃圾清理工程	净化寻乌境内干流及一、二、三级支流河道;利用帆船等打捞河道水面垃圾
8	龙南市	生态修复	龙南市汶龙镇上庄村坑片生态移民搬迁工程(二期)	对东江源汶龙镇上庄村湖坑片剩下135户居民进行生态移民搬迁
9	龙南市	生态修复	龙南市汶龙镇上庄村坑片生态移民搬迁工程(一期)	对东江源汶龙镇上庄村湖坑片38户居民进行生态移民搬迁
10	龙南市	生态修复	龙南市汶龙镇上庄村生态林改造工程项目	对汶龙镇上庄村约 $0.33km^2$ 脐橙种植区进行生态林改造
11	会昌县	生态修复	会昌县东江源区水源涵养林工程项目	①在盘古嶂、桠髻钵山区域荒山造林,交叉种植荷树、枫香、楠木等;②在盘古嶂区域种植部分景观树、苗木等,种植樟树、红花季木等树种
12	定南县	生态修复	龙塘镇主要河流河道整治项目	根据忠诚河、桐坑河、洪州河现状情况,完善综合整治,生态护岸等措施,改善河流水质
13	定南县	生态修复	下历水及龙归湖环境综合整治(二期)	对下历水及龙归湖实施清淤疏浚、河湖滨带生态修复、挡水建筑物、环湖栈道、截污纳管与分散式处理设施建设、点源污染处理措施、面源污染处理措施、补水水源质提升、水质改善等水环境综合治理
14	定南县	生态修复	下历水水环境综合整治项目	对下历水礼亨水库以下河段的流域环境综合治理,包括截污清淤、河滨带生态修复,长度15km

序号	县区	工程类别	项目名称	主要建设内容
15	定南县	生态修复	转塘电站、九曲河等水葫芦、水面垃圾清理项目	购置2艘专业打捞船,对流域内综合治理,利用帆船等工具打捞水面水葫芦、水面垃圾约0.1km²
16	定南县	生态修复	转塘电站、九曲河等水葫芦、水面垃圾清理项目(二期)	通过采购第三方服务方式对流域内综合治理,利用打捞船等工具打捞水面水葫芦、水面垃圾约0.1km²
17	安远县	生态修复	安远县低质低效林改造项目	低质低效林改造58.67km²,其中更新改造8km²,抚育改造21.13km²,封育改造18.2km²,补植改造11.53km²
18	安远县	生态修复	安远县凤山、镇岗河道护坡生态修复工程	废弃物集中清理、水面日常保洁、河道滩涂森林及草本沼泽恢复、江心洲岛屿生境序列建设、生态河岸带建设、人工自然型河岸建设等。清理镇岗河凤山至镇岗河段河道13km、河道护坡面积130000m²、绿化河岸面积130000m²
19	安远县	生态修复	安远县赖塘无主废弃稀土矿生态修复工程	建设截水沟、挡土墙、边坡修复、土壤改良和生态修复等工程,减轻水土流失的影响
20	安远县	生态修复	安远县棉地河新围段清淤整治连通工程	河道整治长2.5km,固脚护岸长1.35km
21	安远县	生态修复	安远县棉地河新围段清淤整治连通工程(二期)	新建河岸固脚护岸及抬水堰,清淤疏浚河道
22	安远县	生态修复	安远县湿地保护建设项目	
23	安远县	生态修复	安远县新田河虎岗段清淤整治连通工程	对东江源新田河虎岗河段实施河道清淤整治、水系连通工程,疏浚改造河道约4.4km,岸坡脚护岸总长0.703km,有效改善水质和沿岸居民生产生活环境
24	安远县	生态修复	安远县镇岗河防护林及河道生态环境保护工程	主要建设长6km(两侧)、宽30m的护岸林,建设生态护坡9万m²
25	安远县	生态修复	安远县镇江河老围段清淤整治连通工程	对东江源镇江河老围河段实施河道清淤整治、水系连通工程,疏浚改造河道约8km,有效改善水质和沿岸居民生产生活环境
26	安远县	生态修复	安远县镇江河沿岸生态防护带建设工程	在镇江河沿岸重点河段(污染物直排入河段)进行生态防护林带建设,绿化补植26800m²,湿地植被修复20750m²,生态驳岸3140m,减少氮磷等富氧化物质对水体的影响,为水生生物营造适宜的栖息环境,增加生物多样性
27	安远县	生态修复	安远县镇江河支流新田水河道综合整治工程	河道治理4.3km,生态护岸5.2km,护岸固脚4km,河道清淤疏浚4.6km,治理淤堵河段底泥中沉积的重金属等污染物,消除其对河流水体的影响

序号	县区	工程类别	项目名称	主要建设内容
28	安远县	生态修复	黎屋电站水库水环境整治工程	
29	安远县	水土流失治理	安远县东江源水土保持生态治理(一期)工程	按照山上治理、山下去污、生态修复的治理思路,打造生态清洁型小流域,治理孔田镇、鹤子镇水土流失面积 20.88km²,降低河流水体中泥沙
30	寻乌县	污染防治	澄江镇生活垃圾填埋场	建设进场道路、管理用房、垃圾渗滤液处理中心、防渗材料铺设、垃圾渗滤液收集处理、沼气导排、垃圾大坝砌筑、余土消纳场、渗滤液调节池以及垃圾填埋机械设备的购置等,原简易垃圾填埋场垃圾清运重新填埋及复绿工程。项目总占地约 0.33km²,库容约 90 万 m³
31	寻乌县	污染防治	澄江镇稀土矿点污染物治理工程	
32	寻乌县	污染防治	各乡镇简易垃圾填埋场整改项目(二期)	
33	寻乌县	污染防治	各乡镇简易垃圾填埋场整改项目(一期)	
34	寻乌县	污染防治	吉潭镇稀土矿点污染物治理工程	
35	寻乌县	污染防治	简易垃圾填埋场垃圾清运及复绿工程	
36	寻乌县	污染防治	蓝贝坑稀土矿点污染物治理工程	新建日处理规模为 10000t 污水处理厂 1 座、配套管网主干道 30048m、排水干道 20048m、排水支管 10000m
37	寻乌县	污染防治	青龙河沿岸稀土矿点污染物治理工程	
38	寻乌县	污染防治	新东大道污水管网工程	
39	寻乌县	污染防治	寻乌水(文峰段)沿岸稀土矿点污染物治理工程(寻乌县证内、证外历史遗留废弃稀土矿山环境恢复治理工程)	
40	寻乌县	污染防治	寻乌县陂下河沿岸生活污水治理及配套管网建设工程(寻乌县留车镇农村环境综合整治项目)	
41	寻乌县	污染防治	寻乌县城北新区垃圾转运设施	

序号	县区	工程类别	项目名称	主要建设内容
42	寻乌县	污染防治	寻乌县留车陂下河沿岸稀土矿点污染治理工程	
43	寻乌县	污染防治	寻乌县龙廷乡稀土矿点污染治理工程	集中对寻乌县龙廷乡高子坑实施矿区遗留物整治工程、生态恢复工程、截流引流工程、水质净化工程4大工程
44	寻乌县	污染防治	寻乌县文峰乡涵水片区废弃矿山综合治理与生态修复工程[寻乌水(文峰段)沿岸稀土矿点污染物治理工程(二期)]	通过采取挡土墙护坡、坡面治理(造林整地、蓄水池等)、降水截流沟、生态恢复(土壤改良)、河道修复、人工湿地等工程措施和生物措施对项目范围内的裸露区域进行综合治理;通过地形整治、生态护坡、造林整地等工程及林草措施,重建废弃稀土矿及其下游影响区域的生态系统
45	寻乌县	污染防治	寻乌县文峰乡涵水片区废弃矿山综合治理与生态修复工程[寻乌水(文峰段)沿岸稀土矿点污染物治理工程(三期)]	通过采取挡土墙护坡、坡面治理(造林整地、蓄水池等)、降水截流沟、生态恢复(土壤改良)、河道修复、人工湿地等工程措施和生物措施对项目范围内的裸露区域进行综合治理;通过地形整治、生态护坡、造林整地等工程及林草措施,重建废弃稀土矿及其下游影响区域的生态系统
46	寻乌县	污染防治	寻乌县文峰乡柯树塘废弃矿山环境综合治理与生态修复工程Ⅲ、Ⅳ标段[寻乌水(文峰段)沿岸稀土矿点污染物治理工程(一期)]	通过采取挡土墙护坡、坡面治理(造林整地、蓄水池等)、降水截流沟、生态恢复(土壤改良)、河道修复、人工湿地等工程措施和生物措施对项目范围内的裸露区域进行综合治理;通过地形整治、生态护坡、造林整地等工程及林草措施,重建废弃稀土矿及其下游影响区域的生态系统
47	寻乌县	污染防治	寻乌县污水处理厂二期工程	扩建现有城区生活污水处理厂,配套实施深度处理设施。扩建规模为1.0万t/d,深度处理设施规模为2.0万t/d(含一期工程提标改造),对原污水处理厂进行提标改造,使全厂排放标准达到一级A排放
48	会昌县	污染防治	会昌县东江源区农村生活污水处理工程	会昌县清溪乡圩镇建设1个处理规模600m³/d的污水处理站,截污管主管2.8km及支管;清溪乡青峰村建设1个处理规模为120m³/d的污水处理站,截污管网和排水沟3km
49	会昌县	污染防治	清溪乡污水处理站截污管网扩建及边坡加固工程	
50	定南县	污染防治	定南县天九镇镇区生活污水处理项目	新建1个污水处理示范站以及配套光伏发电、配套的截污管网工程(含破路面修复);新建污水处理示范站1座,设计规模为500m³/d,新铺设DN400污水主管网(HDPE管网)1800m,DN300支管3300m,DN200巷管5000m,DN110入户管5600m,以及安装检查井、沉泥井等约255座,接户检查井200m

序号	县区	工程类别	项目名称	主要建设内容
51	定南县	污染防治	定南县小黄坝垃圾填埋场综合整治项目	
52	定南县	污染防治	东江流域养殖企业综合整治项目	
53	定南县	污染防治	东江流域养殖企业综合整治项目(二期)	
54	定南县	污染防治	鹅公镇生活污水管网建设及河道垃圾、淤泥清理项目	鹅公镇生活污水支管网建设、河道垃圾淤泥清理、拆除挡土墙、修复新建挡墙
55	定南县	污染防治	县城污水处理厂二期工程及管网工程	
56	定南县	污染防治	镇村生活垃圾清运项目	
57	安远县	污染防治	安远县简易生活垃圾填埋场封场治理项目	
58	安远县	污染防治	安远县禁养区畜禽养殖场关停拆除补助工程	
59	安远县	污染防治	安远县生猪养殖污染治理项目	
60	安远县	污染防治	安远县乡镇生活污水处理厂建设项目	在17个乡镇新建污水处理厂及管网配套设施以及部分滨河乡村污水处理厂站,污水处理量合计为33100t/d,污水管网长度合计约为80km
61	安远县	污染防治	安远县镇江河上、中、下游农村污水处理工程	
62	定南县	饮用水源保护	定南县城乡供水一体化工程项目	①实施老城镇、龙塘镇、岭北镇、鹅公镇等镇饮用水厂新(改)建、回购及升级改造工程;②对水厂取水口周边及上游进行环境综合整治,完善饮用水源保护区物理隔离、界碑、界牌、标识牌等保护措施
63	定南县	饮用水源保护	定南县第二水源保护项目涵养林项目	完成定南县第二水源库区集水面积为25.8km² 内现有约1.33km² 桉树林进行人工更替改造以及对约1.4km² 低效林进行补植改造
64	定南县	饮用水源保护	定南县第二水源保护项目移民搬迁	库区207户(784人)群众移民征收补偿、移民安置点建设和后续扶持等工作
65	定南县	饮用水源保护	定南县礼亨水库周边果园退果还林项目	主要实施礼亨水库周边及上游0.43km² 果园退果还林,改造为水源涵养林建设
66	安远县	饮用水源保护	安远县欣山镇大坝村生态移民整村搬迁项目	实施生态移民搬迁欣山镇大坝头村450人

序号	县区	工程类别	项目名称	主要建设内容
67	安远县	饮用水源保护	艾坝水库工程	建设库容 961 万 m³ 水库一座,配套建设引水隧道至安远第二水厂
68	寻乌县	饮用水源地保护	寻乌县东江源饮用水水源地生态移民工程	实施生态移民搬迁东江源村、图岭村、长安村 3 个村 640 户

6.2　东江源区横向生态补偿的演变

6.2.1　东江流域跨省生态补偿的背景

东江流域的生态环境压力与日俱增,江西、广东两省均呼吁尽快构建东江流域生态补偿机制,以维护东江流域的生态"健康";在受益于东江水的中国香港特别行政区,社会各界也对东江生态状况十分关心,中国香港地区的全国人大代表、公众、媒体以及香港中文大学等研究单位也多次赴东江流域调研;位于东江水源涵养区的寻乌、安远、定南三县,更是数年如一日地盼望和呼吁尽快建立东江源流域生态补偿机制。

为了保护东江源生态环境和饮用水安全,江西省委、省政府以及所在市县党委、政府历来高度重视,先后采取了在源头建设自然保护区、加强水涵养林保护建设、关停高耗水和高污染企业、禁止开采矿山、设立省级东江源生态保护财政奖励资金等措施,投入了大量的人力、物力和财力,牺牲了许多发展机会。在源区各县的积极努力下,东江源头长期保持水量充沛、水质优良。

(1) 强化生态环境保护考核

2009 年,江西省政府印发了《关于加强"五河一湖"及东江源环境保护的若干意见》,明确要求将流域生态环境质量、环保投入、主要污染物减排和保护成效等列入地方政府和相关部门的政绩考核指标。同时,制定自然环境与资源有偿使用的政策,对受益主体征收生态补偿费用和资源开发利用费。江西省政府设立专项补偿资金,奖励对生态环境保护作出突出贡献的地区和单位。

(2) 对源区生态环境保护实行以奖代补

2008 年,江西省财政厅和环保厅联合印发了《江西省"五河"和东江源头保护区生态环境保护奖励资金管理办法》,奖励资金的分配由水质情况和源头保护区域面积确定。2008～2012 年,江西省财政共安排 5.5 亿元,用于东江源头保护区生态环境保护奖励,大大提高了源头区生态保护的积极性。

(3) 加强环境整治与生态修复

依法整顿源区矿产资源开采秩序,对矿产资源开采实行总量调控,大力整治非法采矿,依法先后关闭矿点 500 多个。对落户源区的项目,实行严格的环保准入,源区近年拒办各类企业 500 余家。在源区依法整治、取缔了一批造纸、矿山、冶炼和木材加工企业,严厉整顿了沿江 1.5km 范围内工业企业,同时对东江源区的 26 家小企业进行关闭。目前,定南、寻乌两县城市工业废水年排放量控制在 100 万 t 以下,安远县在源区实现了工业废水零排放。

（4）积极调整农业产业结构

作为生态功能保护区，投入大量资金开发和引进先进技术，打破传统农业生产模式，采用滴灌、猪沼果等技术，大幅度减少了农药、化肥的使用，有效降低了农业面源污染。

（5）加大环保资金投入

在源区实施了退耕（果）还林、阔叶林全面禁伐、长江（珠江）防护林、易地扶贫搬迁、"猪沼果"工程、生活垃圾和城市生活污水处理厂建设等一批重大环保项目，其中2012 年以来东江源区共退果还林 2408.95 万株，约 47.799 万亩，分别是寻乌县退果还林1236.95 万株，约 24.339 万亩；定南县退果还林 273 万株，约 5.46 万亩；安远县退果还林 680 万株，约 13.6 万亩；会昌县退果还林 49 万株，约 1 万亩；龙南市退果还林 170 万株，约 3.4 万亩。

6.2.2　东江流域跨省生态补偿的发展和现状

（1）生态补偿前期基础

2004 年，江西省编制了《东江源生态环境保护和建设规划》。2005 年出台的《东江源生态环境补偿机制实施方案》明确，广东粤海集团自 2006 年起每年从东深供水工程水费中拿出 1.5 亿元资金，补偿给东江源区安远、定南和寻乌三县。2012～2015 年期间，由省环保厅、省人大环资委和省环保基金共同发起的"感恩东江"大型环保公益活动，募集了3000 万元社会资金，用于东江上游生态林建设、涵养，组织结对帮扶，补偿寻乌、安远、定南等县为保护广东饮水安全做出的巨大牺牲。

这些补偿活动主要以民间自发补偿为主，因此补偿的力度并不能满足生态保护的需求，而且补偿资金的管理和使用也存在风险。而且由于历史欠账多、资金缺口大、经济转型任务重等原因，东江源生态环境仍很脆弱，生态屏障建设任务异常繁重，迫切需要建立东江源上下游生态补偿长效机制。

（2）横向生态补偿的试点

为深入贯彻落实中共中央、国务院《生态文明体制改革总体方案》和《国务院办公厅关于健全生态保护补偿机制的意见》的要求，保护和改善东江流域生态环境，保障流域饮用水源安全，2016 年 4 月，国务院出台《关于健全生态保护补偿机制的意见》，明确在江西-广东两省围绕东江开展跨流域生态补偿试点，标志东江流域跨省生态补偿实现了历史性的突破。2016 年 10 月 19 日，财政部和环保部在江西省南昌市举行了东江流域上下游横向生态补偿协议签署仪式，江西省政府和广东省政府共同签署了《东江流域上下游横向生态补偿协议》，两省将以为新的起点，共同建立起跨省流域生态补偿的长效机制。该协议规定，两省按照"成本共担、效益共享、合作共治"的原则，建立起东江流域上下游横向补偿机制。以东江流域江西、广东两省行政跨省界断面庙咀里、兴宁电站两个跨省界断面为考核检测断面。考核检测指标为地表水环境质量标准中 pH 值、高锰酸盐指数、五日生化需氧量、总氮、总磷等 5 个指标。通过跨省流域生态补偿机制促进源区生态环境保护，力争跨省界断面水质达到Ⅲ类标准。

东江流域上下游横向生态补偿资金由江西省和广东省共同设立，两省每年各出资 1 亿元，两省依据考核目标的完成情况发放补偿资金。中央财政拨付专项奖励资金给江西省，用于东江源头流域生态环境保护和治理，专项奖励资金由考核目标的完成情况确立。补偿资金的使用由两省共同监管，确保补偿资金用于东江流域生态保护并且充分发挥效益。

（3）第二轮生态补偿协议签订

首轮生态补偿实施以来，东江跨省断面水质优良率达 100%并稳步提升，源区生态环境质量不断改善，生态补偿成效显著。江西、广东两省在保持首轮协议基本框架不变的基础上，于 2019 年 10 月，正式签订《江西省人民政府 广东省人民政府东江流域上下游横向生态补偿协议（2019～2021 年）》，标志着东江流域上下游横向生态补偿由试点转化为长效机制，建立健全跨省流域上下游横向生态补偿机制迈上了一个新的台阶。

6.2.3　首轮生态补偿机制政策评估

（1）协议目标基本实现

根据《东江流域上下游横向生态补偿协议》，工作目标是"东江流域上下游横向生态补偿期限暂定 3 年，跨省界断面水质年均值达到Ⅲ类标准并逐年改善"。水质监测断面和监测指标是："以东江流域江西、广东两省跨省界断面庙咀里和兴宁电站两个跨省界断面为考核监测断面。考核监测指标为《地表水环境质量标准》GB 3838 表 1 中 pH 值、高锰酸盐指数、五日生化需氧量、氨氮、总磷等 5 项指标。如出现其他特征污染物，经两省协商也纳入考核指标中。"

经过第一轮绩效评估，省界考核断面考核结果如下：综合广东、江西赣州市监测结果来看，兴宁电站、庙咀里断面 2017 年、2018 年年均值均满足《地表水环境质量标准》GB 3838 相应水质标准的要求，水质达标率均为 100%，满足了国家与粤赣两省要求。在水质改善效果上，庙咀里断面水质从 2016～2018 年先变差再变好，2018 年水质相对基准年没有改善，但相对 2017 年有所改善；兴宁电站断面 2016～2018 年水质逐年改善，满足协议要求。

（2）源区生态环境明显改善

2016 年以来，源区县共拒绝不符合国家产业政策和高污染、高能耗等不利于环保的项目 462 家；累计拆除、关停、整治畜禽养殖场（户）3186 家，拆除面积 57.54 万 m³；生态移民搬迁 1365 户；治理废弃稀土矿山 14.3km²，新增治理水土流失面积 72.84km²，新增湿地面积 0.1km²；东江源区森林覆盖率达 80%以上，寻乌、定南、安远森林覆盖分别为 82.3%、83.05%、82.7%，其中源头桠髻钵山的森林覆盖率高达 95%。

（3）绿色发展取得成效

寻乌、安远大力发展通用设备制造、风力发电、光伏发电等新兴产业，引进首位产业 35 个，签约金额 161.49 亿元，风力发电总装机容量达 63.7 万 kW；加快绿色农业发展，大力发展脐橙、猕猴桃、蔬菜、蓝莓、百香果等特色农业，生态农业种植面积达 90.67km²。积极发挥生态优势，着力打造三百山 5A 级旅游景区、九曲河度假村、青龙岩度假区等生态旅游产业，生态资源优势进一步转化为经济发展优势。

6.3　东江源区生态移民搬迁

6.3.1　生态移民搬迁背景

2015 年 10 月 16 日，习近平主席在 2015 减贫与发展高层论坛上发表主旨演讲指出，我们坚持分类施策，因人因地施策，因贫困原因施策，因贫困类型施策，通过扶持生产和就业发展一批，通过易地搬迁安置一批，通过生态保护脱贫一批，通过教育扶贫脱贫一批，通过低保政策兜底一批。生态移民是我区的一项重要工作，30 年的实践证明，生态移民具有解决贫困问题、开发土地资源、保护生态环境、协调区域发展的重要功能。

东江流域生态补偿试点效果显著，江西省赣州市首轮累计投入 33 亿元用于东江源区生态环境保护和治理，构建了以流域综合治理为导向的生态环境保护和治理工程布局，推进实施污染治理、生态修复、饮用水源地保护、水土流失治理和环境监管监测能力建设等五大类工程项目，着力解决了一批突出的生态环境问题，源区生态环境明显改善，流域水环境质量稳定向好，东江出境广东水质保持 100％达标。

6.3.2　基本情况

为保护东江源一江清水，2017 年，寻乌、定南和安远三县的水源源头开始实施生态移民搬迁项目，工程建设内容见表 6.3-1。定南县为加快洋前坝水库工程项目建设，征收岿美山镇溪尾村、板埠村集体土地约 2km²，库区搬迁 207 户共 784 人；安远实施生态移民搬迁欣山镇大坝头村 450 人；寻乌县实施东江源头保护区核心区域，三标乡东江源村、图岭村，以及三标乡长安村 5 个小组的村民即"两个半村"实行整体移民搬迁安置工作，共 640 户 2343 人。伴随移民的，是东江源区的 827km² 山林全部被纳入封山育林工程生态建设范围。东江源区 3 县退耕还林 160km²，全部被列为营造水土保持林。

东江源区人口搬迁情况调查　　　　　　　　　　　　　　　　表 6.3-1

序号	县区	工程类别	项目名称	主要建设内容
1	龙南市	生态修复	龙南市汶龙镇上庄村湖坑片生态移民搬迁工程（二期）	对东江源汶龙镇上庄村湖坑片剩下 135 户居民进行生态移民搬迁
2	龙南市	生态修复	龙南市汶龙镇上庄村湖坑片生态移民搬迁工程（一期）	对东江源汶龙镇上庄村湖坑片 38 户居民进行生态移民搬迁
3	定南县	饮用水源保护	定南县第二水源保护项目移民搬迁	库区 207 户（784 人）群众移民征收补偿、移民安置点建设和后续扶持等工作
4	安远县	饮用水源保护	安远县欣山镇大坝村生态移民整村搬迁项目	实施生态移民搬迁欣山镇大坝头村 450 人
5	寻乌县	饮用水源地保护	寻乌县东江源饮用水水源地生态移民工程	实施生态移民搬迁东江源村、图岭村、太湖村，以及长安村 5 个村小组 1476 户 6844 人

6.3.3　移民搬迁对生态环境的影响

（1）定南县

洋前坝水库工程项目位于岿美山镇板埠村、溪尾村属于东江源头保护区，地表水环境功能区划为Ⅱ类，属于生态保护红线范围内（图 6.3-1）。洋前坝水库总投资 7.2 亿元，为以供水为主、兼有灌溉等综合效益的中型水利枢纽工程，水库集雨面积 25.8km²，水库正常蓄水位 407.00 m，设计总库容 2170 万 m³，有效库容 1795 万 m³，输水工程的输水管线总长 33.5km，设计有 1 座主坝和 2 座副坝。经计算和评审，日供水能力 6.24 万 t 以上，可为定南县城区及沿线镇村 16.67 万居民提供充足、优质的生活、生产用水，还可满足下游 2000 亩农田的灌溉用水需求。

图 6.3-1 定南县洋前坝水库现场调研图

库区 207 户（784 人）群众移民搬迁，减少的固废垃圾主要为区民产生的生活垃圾。按生活垃圾生产量约 0.8kg/(人·d) 计算，共减少生活垃圾 627 kg/d（228.9t/a）。当地居民的生活污水经居民自建的化粪池处理后用于果园和菜地灌溉，不外排。遇雨天不能回用时，可储存暂时存放，待需要时再回用。生活污水中 COD、氨氮和总磷分别按每人每天 25g、5g 和 0.7g 计算。而 784 人搬迁后，从源头上减少 COD、氨氮和总磷的总量分别为 7.15t/a、1.43t/a、0.2t/a。农田和果园退耕还林，能引起水体富营养化的 N、P 等污染源随着原有农业和居民生活污水的消失而减少，从源头上降低了对周边水体水质造成不利影响的可能性，对周边水体环境有明显改善作用。

（2）安远县

安远县欣山镇大坝村生态移民整村搬迁项目同样是为了加快建设艾坝水库，大坝村整村搬迁 450 人，涉及耕地 0.13km²、林地 0.3km² 和果园 0.26km²。艾坝水库建成后，可有效解决安远县欣山镇约 8.2 万居民的生活用水、九龙工业园区用水和 1.12km² 农田灌溉用水；抗旱应急情况下可解决设计水平年 14 万居民生活用水，九龙工业园及 1.33km² 农田灌溉用水。

库区 450 名群众移民搬迁，减少的固废垃圾主要为区民产生的生活垃圾。按生活垃圾生产量约 0.8 kg/人/d 计算，共减少生活垃圾 360 kg/d（131.4t/a）。居民生活污水中 COD、氨氮和总磷分别按每人每天 25g、5g 和 0.7g 计算。450 人搬迁后，从源头上减少 COD、氨氮和总磷的总量分别为 4.11t/a、0.82t/a、0.12t/a。大坝村的生态移民搬迁对周边环境有明显改善作用，减少了对库区的污染，保障了饮用水供水安全。

（3）寻乌

2017 年，因建设寻乌县规模最大的单个民生工程——太湖水库的需要，保护东江源一江清水向南流，寻乌县将水源乡太湖村、三标乡东江源村、图岭村，以及三标乡长安村 5 个小组的村民实行整体移民搬迁，共搬迁 1476 户 6844 人（图 6.3-2）。

图 6.3-2　大坝村整体生态移民搬迁后的房屋地基遗址情况

东江源头区 6844 名群众移民搬迁，减少的固废垃圾主要为区民产生的生活垃圾。按生活垃圾生产量约 0.8kg/（人·d）计算，共减少生活垃圾 5475.2 kg/d（1998.4t/a）。居民生活污水主要污染物为 COD、氨氮、总磷等，经居民自建的化粪池处理后用于果园和菜地灌溉，不外排。生活污水中 COD、氨氮和总磷分别按每人每天 25 g、5 g 和 0.7 g 计算。那么，实施整体移民搬迁后从源头上减少 COD、氨氮和总磷的总量分别为 62.45t/a、12.49t/a、1.75t/a。

6.3.4　移民搬迁对源头水水质影响分析

生态移民搬迁工程由 2015 年启动，2017 年完成搬迁（图 6.3-3），随后太湖水库在 2018 年 9 月完成下闸蓄水，2019 年 3 月正式供水。对 2017、2018 和 2019 年度的主要生活污水水质指标监测发现（图 6.3-4），据《地表水环境质量标准》GB 3838 评价，所监测的水源-澄江断面水质主要指标氨氮浓度一直小于 0.4mg/L，且 2018、2019 年度与 2017 年度形同时间对比发现氨氮浓度有不同程度的下降；总磷浓度小于 0.1mg/L，化学需氧量

搬迁前

搬迁后

图 6.3-3　寻乌东江源村部分搬迁情况对比

（COD）浓度小于 15mg/L，高锰酸盐指数小于 2.9mg/L，因此，东江源寻乌水源头水质一直为Ⅱ类水，说明生态移民搬迁有利于东江源头水良好水质的维持。

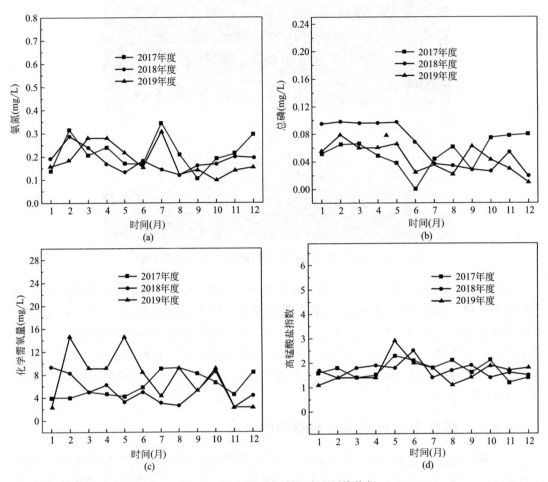

图 6.3-4　水源-澄江断面主要污染指标
（a）氨氮浓度变化；（b）总磷浓度变化；（c）化学需氧量（COD）浓度变化；（d）高锰酸盐指数浓度变化

6.4　东江源区矿山修复

6.4.1　项目背景

20 世纪 70 年代末以来，寻乌稀土开发生产为国家建设和创汇作出重大贡献，但由于生产工艺落后和不重视生态环保，造成植被破坏、水土流失、河道淤积、耕地淹没、水体污染、土壤酸化等生态破坏，昔日的绿水青山变成了"南方沙漠"。

近年来，赣州市大力开展稀土矿山专项整治，对稀土矿山进行全面升级改造和优化布局，对东江源区所有的稀土矿点实行全面停产整改，进一步加强对废弃矿山的环境治理恢复。为了宏观调控矿产资源开发利用与保护，各级人民政府编制了地方各级的矿产资源规划。源区主要三县矿产资源规划书中都提出了矿山生态环境保护和恢复治理的目标要求，坚持矿产资源开发利用和生态环境保护并重，提出了新建矿山必须符合市和县关于环境保护的要求，禁止在东江源区的桠髻钵山、项山、三百山、青龙山、云台山等自然保护区（核心区）开采矿产资源。

6.4.2　矿区基本情况

近年来，由于资源枯竭、资源整合、淘汰落后产能以及矿山兼并重组、升级改造等因素，东江源区部分矿山已经关闭或者即将关闭，因此对于源区的矿山开采和废弃矿山的具体数量、分布位置和面积等基本数据需要进行全面调查和了解。调查主要采用 3S 技术（遥感 RS、地理信息系统 GIS 和全球定位系统 GPS）、资料查询、现场调查等技术手段，对东江源区各类矿山的面积、大中小型数量及其分布进行统计分析。

自然资源部全国矿业权人勘查开采信息公示系统显示，东江源区范围内目前拥有采矿权的矿山共计 53 座，矿山面积 34.1512km²。按矿产类别分，共有稀土矿 6 座、钨矿 1 座、铁矿 1 座、铅锌矿 2 座、其他金属矿 1 座、建筑用石料矿 22 座、砖瓦用页岩矿 12 座、其他类岩石矿 5 座、矿泉水矿 1 座以及地热矿 2 座。根据原国土资源部《关于调整部分矿种矿山生产建设规模标准的通知》（国土资发〔2004〕208 号）文件中对于矿山建设生产规模的分类规定，共有大型矿山 1 座、中型矿山 12 座以及小型矿山 40 座。按县域分，安远县东江源区范围内共有 7 座矿山，寻乌县东江源区范围内共有 30 座矿山（6 座稀土矿山均位于寻乌），定南县东江源区范围内共有 16 座矿山（含 1 座钨矿）。会昌县和龙南市东江源区范围内均不存在矿山企业。

6.4.3　矿区径流污染状况

稀土等矿开采过程中，使用生产材料残余在地表的有害物质，经水流冲刷渗入河流对水质引起污染。寻乌、定南、安远三县是稀土矿的富集地区，早期的矿采区乱挖滥采，在废弃地区百孔千疮，尾砂、废弃沙土到处倾倒，地表寸草不生，被毁的农田、林区和河道连成一片，严重的水土流失造成河流水质污染。

从分布上看，寻乌县主要是 7 处矿点，包括寻乌水（文峰段）沿岸稀土矿、留车陂下河沿岸稀土矿、龙廷乡稀土矿、青龙河沿岸稀土矿、吉潭镇稀土矿、澄江镇稀土矿和蓝贝坑稀土矿；安远县的赖塘无主废弃稀土矿。龙南市、会昌县所辖东江源区范围内不存在矿山径流污染。目前东江源区的三个县共存在的废弃矿区共计 20.1848km²，占流域面积 0.58%，但造成的环境问题贡献较高。矿山源年排放氨氮合计 383.14t。

矿山氨氮排放量按照下式计算：

$$G_p = P \cdot C \cdot \Psi \cdot S$$

式中　G_p——稀土矿年氨氮排放总量，t/a；

　　　P——多年年平均降雨量，mm；

　　　C——氨氮排放浓度，mg/L；根据监测结果显示，排放浓度受时间、空间、降雨强度有关，本方案综合考虑各因素，氨氮排放总量浓度以 50mg/L 计；

　　　Ψ——径流系数，无量纲；

　　　S——稀土矿区，km²。

氨氮排放总量污染估算见表 6.4-1 和表 6.4-2。

东江源区废弃矿山氨氮排放量　　　　　　　　表 6.4-1

序号	县区	未治理及正在治理稀土矿区(km²)	多年年平均降雨量(mm)	氨氮排放量(mg/L)	径流系数 Ψ	年氨氮排放量总量(t/a)
1	安远县	0.373	1581.8	50	0.40	11.80
2	定南县	0.0171	1581.8	50	0.40	0.54
3	寻乌县	19.7947	1581.8	50	0.40	626.23
合计		20.1848				638.57

东江源区废弃矿山氨氮排放量（按控制单元）　　　　　　表 6.4-2

控制单元	县域	面积(km²)	排放量(t/a)
寻乌水	寻乌县	19.7947	626.23
	会昌县	0	0.00
	小计	0	**626.23**
定南水	安远县	0.3730	11.80
	定南县	0.0171	0.54
	龙南市	0	0
	小计	0	**12.34**
老城河	定南县	0	0
	小计	0	**0**
篁乡河	寻乌县	0	0
	小计	**0**	**0**
总计		**20.1848**	**638.57**

6.4.4 矿山地质环境风险评价

为了了解矿山开采对东江源区地质环境破坏和污染的威胁状况，并为构建矿山生态环境保护与恢复治理措施提供技术支撑，将矿山地质环境评价系统分为矿业开发影响力和地质环境脆弱性两个子系统，并以此确定评价指标体系。

（1）风险评价指标体系

矿业开发影响力评价指标体系包括两个层面：要素层和指标层。要素层包括采矿活动、突发型地质环境问题和渐变型地质环境问题，反映矿业开发造成的主要影响。指标层即每一个要素又包括若干个单指标，来反映其内在原因和潜在因素。地质环境脆弱性指标体系要素层包括基础地质和自然地理两个方面，来反映研究区矿山地质背景。由此，构建出矿山地质环境风险评价指标体系，如图 6.4-1 所示。

（2）评价指标分级量化

在参考中国地质调查局制定的《矿山地质环境调查评价规范》DD2014—05 基础上，将矿山地质环境风险程度分为高风险、中等风险、低风险三个等级，矿业开发影响力和地质环境脆弱性评价分为严重、较严重和一般三个等级。根据这三个等级的划分，评价指标也分为三个等级。同时，通过专家咨询和实地调查制定了分级量化评分标准，得到各类矿

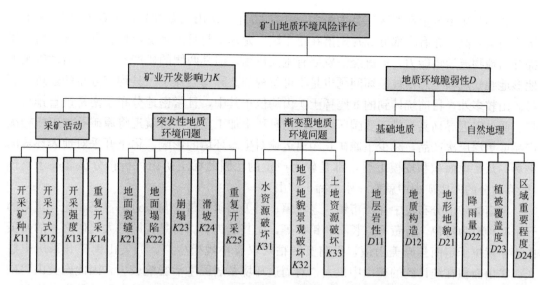

图 6.4-1　东江源区矿山地质环境风险评价指标体系

山地质环境风险评价指标分级打分表。根据最终得分的多少，将矿山地质环境风险三级分类。其中，14～28 分为低风险，29～35 分为低风险，36～42 分为高风险。东江源区矿山地质环境风险评价结果见社会经济分册。

从整体上看，安远县矿山评价平均得分为 27.57 分，低于定南县（29.25 分）和寻乌县（29.73 分），其矿山地质环境风险为源区三县最低。原因在于安远县东江源区内矿山仅有 7 座，数量最少，且多为砖厂、地热或采石场等非开采金属矿山，相对风险较小。安远东江源区内唯一一座金属类矿山为硫铁矿，采用地下开采方式，对地表植被、山体基本几乎无破坏效应，但对下游水库水体颜色有影响，使库区水体带有淡蓝色（图 6.4-2）。考虑到矿区周围分布有鹤子镇集镇集中式饮用水水源地一、二级保护区，故认为该矿山对周边水体影响较小。

图 6.4-2　安远乌石坑硫铁矿下游乌石坑水库

寻乌县矿山数量在源区三县中最多，共有 30 座。矿山大多数分布在 G206 国道和 G35 济广高速两侧，亦有小部分成片坐落在留车镇、龙廷乡与丹溪乡交界处。高等级公路对于提升当地物流运输能力，促进经济发展有重大作用，但其两侧的矿产资源开发活动带来的地形地貌景观和生态植被破坏问题也是不可忽视的。寻乌县除了三县均有分布的建筑用石料矿山较多外，目前统计到的 6 座稀土矿山均位于其中，且紧密地分布于南桥镇石排村一带。此处临近寻乌县石排工业园区，园区内有稀土加工企业，可就近将原矿石加工成初级产品或更深层次产品，减少了原矿长距离运输对生态环境的影响。稀土开采对地表环境的破坏，从矿山面积和规模上看，都是较为严重的，因此稀土矿山评价得分显著高于整体（最高得分的两座矿山中就有一座为稀土矿山）。

定南县矿山分布集中在历市镇、老城镇、岿美山镇一带。与安远、寻乌相比，定南的开采矿种较为特色，有萤石、长石、钨矿等，尤其是钨矿。曾是我国三大钨矿之一的岿美山钨矿就位于定南县岿美山镇，目前资源枯竭仅有小规模生产。岿美山钨矿开采历史悠久，矿山面积在统计到的矿山中最大，对周边环境及居民生活影响较大，因此岿美山钨矿在地质环境评价中得分最高（与前文稀土矿同为 37 分）。虽然定南县高风险种类矿山仅有 1 座钨矿，但从矿山规模上看，定南县大、中型矿山较多，开发强度大，也存在成片集中分布的现象，因此在评价上整体得分仅略微低于寻乌县。

6.4.5　矿区治理

为解决大面积废弃稀土矿区造成的地形地貌景观破损（土地资源损毁、生态植被破坏）、水土流失、水土污染和地质灾害隐患等系列环境问题，东江源区各县均进行了矿区治理工程。主要对象为源区内已关闭稀土矿遗留的采矿作业场地以及岿美山钨矿等老钨矿；恢复治理主要采取修建污水处理工程、挡土墙、拦沙坝、塘坝、谷坊、排水沟等工程，平整改良土地，铺盖客土，恢复植被。东江源区矿山地质环境风险评价结果见表 6.4-3。

东江源区矿山地质环境风险评价结果　　　　　　　　　　表 6.4-3

县区	矿山名称	开采矿种	开采方式	开采强度	重复开采	地质灾害	水资源破坏	地形地貌景观破坏	土地资源破坏	地层岩性	地质构造	地形地貌	降雨量	植被覆盖度	区域重要程度	最终评分
安远县	安远县金晖矿业有限公司乌石坑硫铁矿	3	2	3	1	1	2	1	1	2	3	3	3	1	2	**28**
安远县	安远县德丰建筑材料销售有限责任公司镇岗涌水采石场	2	3	1	3	2	1	3	2	1	2	2	3	2	1	**28**
安远县	安远县鹤仔镇小地采石场	2	3	1	3	2	1	3	2	1	2	2	3	2	1	**28**
安远县	安远县孔田镇大围石壁窝采石场	2	3	1	3	2	1	3	2	1	2	3	3	3	3	**33**

续表

县区	矿山名称	开采矿种	开采方式	开采强度	重复开采	地质灾害	水资源破坏	地形地貌景观破坏	土地资源破坏	地层岩性	地质构造	地形地貌	降雨量	植被覆盖度	区域重要程度	最终评分
安远县	安远县鹤仔镇鹤仔村页岩砖厂	2	3	1	2	1	1	2	3	3	1	1	3	3	3	29
安远县	安远县东江源温泉开发中心	1	1	1	1	1	3	1	1	1	1	1	3	3	3	22
安远县	安远县明兴新型墙体建材有限责任公司上魏高陂砖厂	2	3	1	2	1	1	2	2	1	1	1	3	3	2	25
寻乌县	江西省寻乌县大丰多金属铅锌矿	3	2	1	1	2	2	1	2	1	2	2	3	1	1	24
寻乌县	寻乌县欣平建材有限公司欣平石场	2	3	1	3	3	2	3	2	1	1	2	3	2	3	31
寻乌县	寻乌县新飞石业有限公司丹溪乡金村花岗岩饰面石材矿	2	3	1	3	3	1	3	3	1	3	3	3	1	1	32
寻乌县	寻乌县建业采石有限公司建业采石场	2	3	2	3	3	1	2	1	1	3	3	3	1	1	32
寻乌县	寻乌县三磊石业有限公司丹溪上坪银矿坑花岗岩饰面石材矿	2	3	1	2	3	1	3	3	3	2	3	3	3	1	32
寻乌县	寻乌县顺安石材有限责任公司上坪顺安石场	2	3	1	3	3	1	3	2	1	2	2	3	2	2	31
寻乌县	寻乌县南桥镇财源页岩砖厂	2	3	2	2	1	2	1	2	2	1	1	3	2	2	27
寻乌县	寻乌县昌乐建材有限公司白石坳平昌砖厂	2	3	3	2	1	2	1	2	1	1	2	3	2	2	28
寻乌县	寻乌县竞成矿业有限公司丹溪乡片村钾长石矿	2	3	1	3	3	3	1	2	2	1	3	3	1	1	29
寻乌县	寻乌县建龙矿业有限公司留车镇贵石村钾长石矿	2	3	1	3	3	1	3	2	3	3	3	3	1	3	34
寻乌县	寻乌县丹溪乡高峰花岗岩饰面石材矿	2	3	1	3	3	1	3	3	1	2	3	2	1	1	30
寻乌县	江西省寻乌县南桥磷石背地热	1	3	1	1	1	3	1	1	2	2	3	3	3	3	28

续表

县区	矿山名称	开采矿种	开采方式	开采强度	重复开采	地质灾害	水资源破坏	地形地貌景观破坏	土地资源破坏	地层岩性	地质构造	地形地貌	降雨量	植被覆盖度	区域重要程度	最终评分
寻乌县	江西省核工业地质二六四大队寻乌县三标乡寨仔脑铅锌矿	3	2	1	1	1	1	1	1	3	3	3	3	1	1	25
寻乌县	寻乌县新天地铁矿	3	2	3	1	2	1	3	3	2	3	3	3	2	1	32
寻乌县	寻乌县平兴建材有限公司平兴石料厂	2	3	1	3	3	1	2	2	1	2	3	3	2	2	30
寻乌县	寻乌县合德矿业有限公司	2	3	1	1	1	1	1	1	1	3	2	3	1	1	22
寻乌县	寻乌县祥平建材有限公司南桥镇车头砖厂	2	3	3	1	2	2	1	1	1	2	1	3	3	2	27
寻乌县	寻乌县昌盛建材有限公司留车页岩砖厂	2	3	1	2	1	1	2	3	1	1	3	3	3	3	27
寻乌县	寻乌县万兴建材有限公司	2	3	2	1	1	1	2	1	1	1	3	3	3	2	24
寻乌县	寻乌县金秋石场	2	3	1	2	1	1	3	1	2	2	3	3	2	2	31
寻乌县	寻乌县鼎晟建材有限公司鼎晟石场	2	3	1	3	1	2	2	2	1	2	2	3	1	2	28
寻乌县	寻乌县石牌石料场	2	3	1	3	3	1	2	2	1	2	3	3	1	3	30
寻乌县	寻乌县竹子圳宣华石业有限公司竹子圳石场	2	3	1	2	3	1	3	2	1	2	3	3	1	3	30
寻乌县	寻乌县安顺贸易有限公司青龙采石场	2	3	1	2	1	1	1	1	1	2	3	3	1	2	24
寻乌县	赣州稀土矿业有限公司石排涵水稀土矿	3	3	2	2	3	3	2	2	2	3	3	3	3	2	36
寻乌县	赣州稀土矿业有限公司原矿生产稀土矿	3	3	3	3	2	3	3	3	2	1	1	3	3	3	36
寻乌县	赣州稀土矿业有限公司上甲柯树塘稀土矿	3	3	3	3	3	3	3	2	2	2	3	3	3	1	37
寻乌县	赣州稀土矿业有限公司双茶亭稀土矿	3	3	2	1	2	2	2	2	2	2	2	3	1	2	29
寻乌县	赣州稀土矿业有限公司上甲园墩背稀土矿	3	3	3	3	2	3	2	2	2	1	2	3	3	3	34
寻乌县	赣州稀土矿业有限公司南桥下廖稀土矿	3	3	2	3	2	2	2	2	2	3	2	3	2	1	32

续表

县区	矿山名称	开采矿种	开采方式	开采强度	重复开采	地质灾害	水资源破坏	地形地貌景观破坏	土地资源破坏	地层岩性	地质构造	地形地貌	降雨量	植被覆盖度	区域重要程度	最终评分
定南县	定南县青云山矿泉水厂	1	3	1	1	1	2	1	1	1	1	2	3	1	3	22
定南县	江西岽美山钨业有限公司	3	2	3	3	3	2	3	3	2	3	3	3	3	1	37
定南县	赣州市坤隆矿业发展有限公司牛牯寨石英矿	2	3	1	1	1		1	1	1	3	2	3	1	3	24
定南县	定南县石磊矿业有限责任公司小寺坑萤石矿	2	3	1	1	2		1	2	2	1	2	3	1	1	26
定南县	定南县历市镇下庄村泰运岭采石场	2	3	1	3	3		3	3	1	3	2	3	2	2	32
定南县	定南县历市镇龙下采石场	2	3	1	3	3		3	3	1	3	2	3	1	3	32
定南县	定南县历市镇汶岭大马坵采石场	2	3	3	3	3		2	2	1	2	2	3	1	3	31
定南县	定南县历市镇和顺枫树埂采石场	2	3	3	3	3		2	2	1	3	3	3	2	3	36
定南县	定南县鹅公镇大茶园采石场	2	3	3	3	2		2	2	1	3	1	3	3	3	33
定南县	定南县天九镇石盆村高田坑采石场	2	3	2	3	1		2	2	1	3	3	3	1	3	30
定南县	定南县历市镇龙下桥头背制砖用板岩矿	2	3	1	1	1		1	2	2	1	2	2	1	3	27
定南县	定南县龙塘镇长富村龙塘页岩砖厂	2	3	3	1	1		2	2	3	1	2	3	1	2	28
定南县	定南县历市镇竹园和顺页岩新型建材厂	2	3	2	2	2		1	2	3	1	2	3	2	3	29
定南县	定南县历市镇樟田大云脑采石场	2	3	1	3	2		2	2	1	2	2	3	1	3	28
定南县	定南县老城镇中墩板岩矿	2	3	1	2	2		2	2	1	2	3	3	1	2	26
定南县	定南县历市镇油潭页岩砖厂	2	3	2	1	2		1	2	3	3	2	1	1	2	27
会昌县	所辖东江源区乡镇无矿山															
龙南市	所辖东江源区乡镇无矿山															

东江源矿区治理工程项目的污染物削减情况　　　　　表6.4-4

序号	隶属关系	项目类型	项目名称	建设地点	对水质生态的改善作用
1		废弃稀土矿山污染源治理	寻乌县陂下河沿岸稀土矿点污染治理工程	大同村、黄田村等	矿山氨氮排放量削减达80%以上
2		废弃稀土矿山污染源治理	寻乌水(文峰段)沿岸稀土矿点污染物治理工程	上甲村、石排村、河岭村	矿山氨氮排放量削减达80%以上
3	寻乌县	废弃稀土矿山污染源治理	寻乌县龙廷乡稀土矿点污染治理工程	斗晏村、西湖村、龙廷村	矿山氨氮排放量削减达80%以上
4		工业园污水治理	寻乌县工业园区矿山废水人工湿地净化工程	石排村	降低污染物排放总量。达到《城镇污水处理厂污染物排放标准》GB 18918—2002一级排放标准,氨氮小于15mg/L,总磷小于1.5mg/L
5	安远县	废弃稀土矿山污染源治理	东江源安远县赖塘无主废弃稀土矿生态修复工程	镇岗乡赖塘村	减少水土流失和面源污染对东江源的影响
6	定南县	流域污染源治理	岿美山钨矿有限公司开采造成的水土流失及河道流域的重金属污染	定南县岿美山镇	污染负荷削减:COD 200t/a,总磷10t/a等

6.4.6　寻乌县文峰乡上甲村塘尾废弃稀土矿综合治理工程

近年来,寻乌积极推进山水林田湖草综合治理与生态修复试点工作,探索总结了"山上山下、地上地下、流域上下同治"的南方废弃稀土矿山治理"三同治"模式,着力打造生命共同体践行示范、废弃稀土矿山治理示范、"两山"理论创新示范,并取得显著成效。同时,寻乌山水林田湖草项目,坚持"生态＋"理念,"生态＋工业":废弃矿山打造工业园区,连片治理成建设用地7000;"生态＋光伏":建成两个光伏电站,总装机容量达35兆瓦,年收入4000万元;"生态＋扶贫":引导农户种植油茶、竹柏、百香果、迷糊桃等经济作物,扶贫效果明显;"生态＋文旅":包括矿山遗迹、科普体验、休闲观光等要素,综合效益大幅提升。

废弃矿山环境综合治理与生态修复工程共有四个示范工程标段,总修复面积3.64km²,占总体需要修复面积的64.1%,弃矿山治理区的水土流失强度已由剧烈降为轻度,水土流失量由每年每千米2359m³降低到32.3m³,降低了90%;植被覆盖率由10.2%提升至95%,河流淤积减少水流畅通,水体氨氮含量削减了89.76%,水质大为改善;经过土壤改良,项目区生物多样性的生态断链得到逐步修复。

项目概况

(1)一标段

1)项目建设地点

江西省寻乌县文峰乡上甲村塘。

2)建设规模

①治理面积:216485.37m²;

② 土壤改良绿化面积：199709.58m²；

③ 新修浆砌石挡土墙：767.63m；

④ 覆种植土：119825.74m³；

⑤ 移植茶树：8820棵，移植松树：42578棵。

3) 建设内容

① 结合场地周边的地形地貌自然景观，对废弃稀土矿区进行削坡整形，在必要的地段修建挡土墙，修建施工道路等；

② 修建截排洪系统，同时修建沉砂蓄水系统；

③ 对矿区土壤进行改良；

④ 将矿区原2个积水坑以及被尾砂侵占的农田改造成人工湿地，种植必要的水生植物，以净化水体；

⑤ 对区域内尾砂淤积河段进行清淤；

⑥ 对废弃稀土矿区进行绿化恢复生态。

4) 建设目标

① 水质目标：治理区汇水出口断面水质氨氮浓度满足《稀土工业污染物排放标准》GB 26451的要求小于等于15mg/L；水质显中性即pH值为6～9；高锰酸盐指数和总磷满足《地表水环境质量标准》GB 3838中Ⅲ类水质标准，即高锰酸盐指数≤6mg/L、总磷≤0.2mg/L。

② 水土流失控制：针对治理范围内的裸露区域，拟通过地形整治、生态护坡、造林整地等工程及林草措施，重建矿区的生态系统。经治理后，要求项目区土壤侵蚀强度处于轻度侵蚀级别，即平均侵蚀模数<2500t/(km²·a)。

③ 植被覆盖率：经过一年治理期，逐步恢复治理范围内裸露区域的地表植被，治理范围内新增地表植被覆盖率不小于90%；质保期四年之后，治理范围内新增地表植被覆盖率不小于90%（图6.4-3）。

治理前

治理后

图6.4-3　矿区一标段治理前后对比

④ 土壤养分及理化性质：针对项目区域治理后的土壤养分有机质含量不小于10g/kg，全氮含量不小于0.75g/kg，碱解氮含量不小于60mg/kg，全磷含量不小于0.4g/kg，有效磷含量不小于5mg/kg，全钾含量不小于10g/kg，速效钾含量不小于50mg/kg；对于基本理化性质，pH值为5.5～8.0，容重介于1.00～1.25g/cm³。

5）污染现状

监测结果表明，各监测点的氨氮、总氮和总磷均有超标，其他监测指标符合《地表水环境质量标准》GB 3838 Ⅲ类水标准限值要求。超标原因可能是受上甲村塘尾废弃稀土矿区早期开采残留药剂影响。因此需针对氨氮、总氮等采取治理措施。另外，矿山工程开挖、填方以及废弃土（石）的堆放，破坏了土层结构、表面植被，同时压占了山坡林地，使原来相对稳定的表土层受到不同程度的扰动和破坏，降低抗蚀能力，在降雨及其径流的作用下，浸矿后尾砂倾倒于外坡堆积，土体较为松散，呈酸性，基本无植被覆盖，加剧或产生新的水土流失。而废弃开采场及土石堆易造成崩塌、滑坡、泥石流等次生地质灾害，使矿区周边生态环境严重恶化，沟谷淤积较严重，矿山未筑拦砂坝，对下流农田及村庄存在较大安全隐患。

（2）二标段项目概况

1）项目建设地点

寻乌县文峰乡上甲村（图6.4-4）。

图6.4-4 矿区二标段治理前后对比

2）建设规模

寻乌县文峰乡上甲村（二标段）需治理面积约为$0.31km^2$，主要工程规模包括：清理开采废弃材料设备210t，拆除回填开采区浸泡池7座，修建M7.5浆砌石挡土墙200m，河道治理约1.7km，生态修复区域面积约$0.29km^2$，修建排水沟1070m，截水沟180m，沉砂池5座，蓄水池3座，拦砂坝3座，施工便道950m，同时新建一个3级人工湿地。

3）建设内容

① 清理矿区内开采遗留物，修复污染土壤，控制区域点源污染；

② 对裸露地表进行生态恢复，整治河道，减少水土流失，减缓区域的面源污染；

③ 建设截流、引流工程，优化矿区排水状况，控制山体污染物的浸出；

④ 建设人工湿地水质净化工程。稀土矿区汇流水体中氮磷浓度较高，通过人工湿地处理后排入河流，能有效降低水体中的氮磷含量，达到水生态修复的目的。

4）建设目标

参考一标段建设目标。

5）污染现状

地表裸露、植被覆盖率不足10%，土地荒芜，沟壑纵横，极大地破坏了该地区原有的生态景观。部分堆积边坡临近道路和民房，存在安全隐患。如在暴雨期间地表水流冲刷，局部可能发生崩滑，污染水体。

（3）三标段项目概况

1）项目建设地点

工程位于寻乌县文峰乡上甲村（图 6.4-5）。

图 6.4-5　矿区三标段治理前后对比

2）建设规模

项目区按照"宜耕则耕、宜林则林、宜水则水、宜工则工"原则，将废弃稀土矿山整治为农业、林业、工业用地以及水面用地。农业用地主要种植油茶树，部分农耕旱地，农业用地面积 $0.46km^2$；林业主要位于湿地、河道周边，主要种植乔灌木，用地面积 $0.03km^2$；工业用地为光伏产业园，用地面积 $0.94km^2$；依据尾砂分布区位置，河道水流走向，沿洼地打造湖泊湿地，水面用地面积 $0.06km^2$；废弃稀土矿采矿迹地保护区（观景平台）用地面积 $0.05km^2$。

3）建设内容

工程采取工程、植物（生物）两大水土保持措施，实施山、水、林、田、湖综合治理，最大限度地控制水土流失，从而达到保护和合理利用水土资源，实现经济社会的可持续发展。

工程措施指防治水土流失危害，保护和合理利用水土资源而修筑的各项工程设施，包括治坡工程（各类梯田、台地、水平沟、鱼鳞坑等）、治沟工程（如淤地坝、拦沙坝、谷坊、沟头防护等）和小型水利工程（如水池、水窖、排水系统和灌溉系统等）。

植物（生物）措施指为防治水土流失，保护与合理利用水土资源，采取造林种草及管护的办法，增加植被覆盖率，维护和提高土地生产力的一种水土保持措施。主要包括造林、种草和封山育林、育草。

结合工程重点建设区的地形地质条件，废弃稀土矿采矿迹地、弃渣场、尾砂场以及光伏产业园的分布，将工程重点建设区分为 6 个片区，分别是生态湿地区（项目区中心位置）、采矿迹地区、A 区、B 区、C 区、D 区，其中生态湿地区和采矿迹地区为工程生态建设与采矿历史结合的亮点区。另外，为了使废弃稀土矿山生态恢复治理后，形成多目标、多功能、高效益的综合防治体系，以及方便工程运用管理，对工程重点建设区，进行附属工程建设。

为防止填土或山坡坍塌，在裸露边坡或者存在滑坡风险位置设置挡土墙。本项目主要采用重力式挡土墙，尺寸随墙型和墙高而变。

为在枯水期对项目区内油茶树进行蓄水灌溉，设置灌溉设施，在各片区高地处按需设置蓄水池。

4）建设目标

三标段工程的总体目标是从"山水林田湖是一个生命共同体"和"绿水青山就是金山银山"理念的出发，通过开展区域土地整治、截排水系统构建、固土固沙设施建设和植被恢复重建、人工湖建设等一系列建设，逐渐提高区域内的植被覆盖率、水资源涵养能力、水环境质量和生物多样性，在短期内使本区域的生态环境明显改善，力争建设成为一个"山秀、水清、草绿、花香、景美"的废弃矿山环境综合治理与生态修复的示范工程。

鉴于柯树塘废弃稀土矿山弃渣堆积体已种草、种树，为了保护已有治理成果，整个项目区按照"宜耕则耕、宜林则林、宜水则水、宜工则工"原则，将废弃稀土矿山整治为农业、林业、工业用地，配套实施边坡修复、植树、种草、挡墙、截排水沟和土壤整治等项目，提高矿区植被覆盖率，改良土壤质地，恢复区域整体生态功能。

5）污染现状

根据以往废弃稀土矿山治理的项目可知，主要以工程措施与植物（生物）措施结合的形式，工程措施一般以坡面整治、沟道治理（拦沙坝、谷坊等）和小型水利工程（截排水、蓄水池等）为主；植物（生物）工程措施一般以涵养水土的植被进行造林种草。传统治理措施往往偏向注重于水土流失防治，且能达到一定成效，而对涵养水土的植物措施实施显得粗糙，成效甚微。废弃稀土矿山环境整治和生态修复工程不仅涉及水土流失防治，而且还涉及水质改善和土壤改良两大重要环节。根据水质、土壤检测报告显示，二者普遍呈酸性，水质氨氮浓度严重超标，土壤养分、有机质流失，土地沙化明显。正是因此而造成大量矿山至今寸草不生，生物多样性破坏严重。

（4）四标段项目概况

1）项目建设地点

工程位于寻乌县文峰乡上甲村（图6.4-6）。

治理前　　　治理后

图6.4-6　矿区四标段治理前后对比

2）建设规模

项目治理区域面积共16.87km²，其中水土流失治理区域面积13.49km²，土地平整区域面积5.58km²，土壤改良区域9.48km²，景观美化区域面积9.48km²，主要工程规模包括：完成平整土地面积 0.06km²，挖土方量为 60411.00m³，垒埂方量为 1536.26m³。新建蓄水池：共 9 个，总容积 1350m³；新建排洪沟：共 1 条，总长 1220m；新建排水沟：共 3 条，总长 446.2m；新建截水沟：共 18 条，总长 2048.35m；新建沉砂池：共 14 个；新建 1976.08m 植物篱坎护坡；新建浆砌石挡土墙 15 处，总长 162m。完成客土喷播护坡总面积 560m²。完成 0.09km² 土壤改良，播施商品有机肥 426t；播施熟石灰 7.11t，添加土壤改良剂共 71.07t。坡面种植：共 0.02km²，共播撒灌木种 366.70kg，播撒草种 37.82kg，种植香根草 710664 株。平面种植：共 0.07km²，共栽种乔木 7579 棵；播撒灌木种 1100.11kg，播撒草种 113.46kg。建设人工湿地一处，总占地面积 5985.22m²，共设有调节池 2 座，人工湿地 3 级，集水池 1 座，建设滚水坝 5 座。建设入口景观大门：1 座；建设区内景观步道：共 1475m；建设观景台共 1 座；建设人工湿地景观配套设施 1 套；其他景观配套工程 5 处。修铺道路 1738m；涵管 10 个。

3）建设内容

项目建设任务是对寻乌柯树塘废弃矿山四标段区域进行"山水林田湖"综合治理，涉及内容包括：水土流失治理，消除或较低各种崩塌、滑坡、泥石流等地质灾害以及河流淤积；控制矿区污染物外渗，改善河流水质，保证下游区域的饮水安全；恢复矿区植被，恢复生态系统的多样性，维护区域的生态环境的稳定；改善农业生产和运输条件，促进农业经济的发展，拉动当地经济的增长。

4）建设目标

项目本着"构建山水林田湖生命共同体"的治理理念，通过开展矿区土地整理、蓄排水设施建设、护坡工程、土壤改良工程、植被恢复工程、景观布置工程等，有效遏制矿区的水土流失以及各种地质灾害的发生，逐渐提高植被覆盖率，恢复生态系统的多样性，提高区域保持水土、涵养水源和应对洪涝灾害的能力，同时拉动周边农村经济的发展，力争建设成为一个"山秀、水清、草绿、花香、景美"的废弃矿山环境综合治理与生态修复的示范工程。

5）污染现状

植被现状：现项目区域内均为山坡荒地，土壤沙化严重，难以满足植物生长所需的土壤环境，土壤裸露，绝大区域无植被覆盖，植被不发育，主要以林星杂草为主，且生长物种单一，植被覆盖率在 10% 以下。

土壤现状：项目区域内均为山坡荒地，土壤裸露，土壤沙化严重，基本无粘性，肥力丧失，难以满足植物生长所需。

水土流失和地质灾害现状：矿区水土流失主要发生在尾砂堆积体，因受人为扰动，土体较为松散，缺乏松散营养层，且坡度较大，较易遭受冲蚀水土流失较严重，沟谷深可达 10m 以上，并进一步产生次一级的冲沟，形成谷中谷。据调查，矿区内约有 95% 的土地发生水土流失现象。

汇水及水质现状：项目区域地表水系较发育，弯曲系数大，河面窄小，径流冲刷作用较强，因此在河谷地带易产生崩塌、滑坡、泥石流等地质灾害。受稀土开采影响，河水污染严重。

（5）2017～2019 年文峰-南塘（柯树塘溪）断面水质变化

如图 6.4-7 所示，对柯树塘下游文峰-南塘（柯树塘溪）断面进行 2017、2018 和 2019

年连续监测结果进行举例说明，结果分析发现，上甲村柯树塘山水林田湖草综合治理工程的实施对减少氨氮浓度有较大的作用，2017 年检测到氨氮浓度最高达到 44.3mg/L，2018 年检测到氨氮浓度最高达到 29.6mg/L，2019 年检测到氨氮浓度最高达到 27.9mg/L，寻乌废弃矿山治理修复工程发挥了重要作用，河水水质受柯树塘原有稀土矿污染物入河的影响也在逐渐减小。

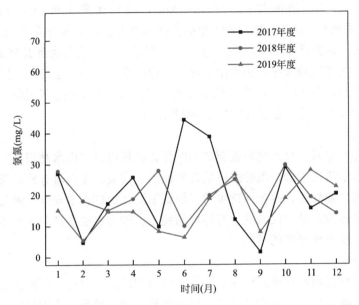

图 6.4-7　文峰-南塘柯树塘溪断面氨氮浓度在 2017 年、2018 年和 2019 年度内的变化

6.5　东江源区果业种植情况

6.5.1　寻乌县

位于江西省赣南市的寻乌县，境内气候温暖湿润，土地肥沃，水资源丰富，是赣南脐橙和蜜桔的主要产区。自 2009 年以来，寻乌县大力推广"五个现代"生态种植模式：建设现代设施，以 288.67km² 果园为依托，推广生态建园模式，重点进行立体空间开发和以养殖业为主的果园生态新产业，带动产业内部结构的优化调整；推广现代科技，引进了新技术。2009～2019 年的水果产量变化趋势如图 6.5-1 所示。种植面积变化趋势如图 6.5-2 所示。

2009～2013 年，寻乌果树种植面积呈现小幅增长，2009 年总面积为 2.9171 万 hm²，2013 年达 3.0175 万 hm²。自 2013 年后，种植规模大幅缩减，在 2017 年达到最低 1.9792 万 hm²，降幅为 34.4%。水果产量也保持相应的下降趋势，由 2013 年的 56.379 万 t 下降至 2017 年的 32.8543 万 t，降幅 41.7%。2017 年是整个果业的转折点，水果产量和种植面积重新攀升，2019 年产量达 40.7028 万 t，种植面积达 2.3297 万 hm²，分别比 2017 年增长 23.9% 和 17.7%，预计 2020 年将进一步增长。从种植种类来看，每年柑橘类的水果占据水果产量的 99.8% 以上，具体包括脐橙和柚子，其余则是梨、桃、柿子，赣南地区最

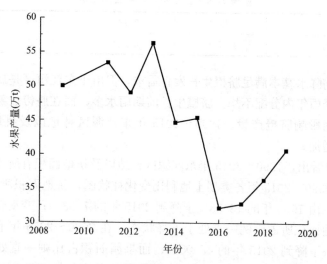

图 6.5-1　2009～2019 年寻乌县水果产量变化趋势图

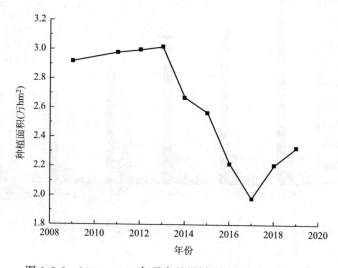

图 6.5-2　2009～2019 年寻乌县果树种植面积变化趋势图

主要的脐橙产业竞争力强，处于果业主导地位。如表 6.5-1 所示，柑橘类所占比例基本在 98% 以上，但在 2019 年其占比有小幅减少，预计在 2020 年，其他种类的水果的产量将小幅增加。

2020 年虽受新冠疫情的影响，但是上半年寻乌县特色园林水果种植业如百香果、猕猴桃、蓝莓、五月橙等特色品种的推动，寻乌县园林水果产业仍发展迅速。上半年全县园林水果播种面积达 18.17km²，同比增长 5.81%，总产量 15045t，同比增长 11.70%，其中，橙（五月橙）种植面积 5.95km²，同比增长 10.13%，产量 7855t，增长 11.15%；桃子播种面积 6.19km²，同比增长 2.76%；葡萄播种面积 2.13km²，同比增长 2.80%；李子播种面积 1.17km²，同比增长 4.09%；杨梅播种面积 0.37km²，同比增长 15.27%；其他水果 2.36km²。

柑橘类水果在不同年份所占的比例   表 6.5-1

年份	2009	2013	2017	2019
柑橘类比例	99.73%	99.86%	98.52%	95.44%

寻乌县年平均降水基本满足脐橙生长发育需求，但由于东江源区是属于较为典型的亚热带季风气候，降雨年内分配不均。脐橙生长前期雨水多，而在脐橙成熟期雨水偏少，影响果实膨大，从而影响脐橙产量。1990～2015 年东江源区林地以及耕地面积有所下降，而果园面积大幅增加。

从图 6.5-3 可看出，1990～2015 年东江源区林地以及耕地面积有所下降，而果园面积大幅增加。分析 1990～2015 年各类型土地利用变化柱状图，耕地面积所占比例有所波动，整体呈下降趋势，由 1990 年的 13.58% 下降到 2015 年的 7.33%；变动较为明显的是林地和果园面积，林地面积所占比例一直处于下降状态，在 2000～2015 年下降速度较快，由 2000 年的 72.68% 下降到 2015 年的 45.05%；而果园面积占比则一直处于上升状态，由 1990 年的 1.14% 增长到 2015 年的 42.40%，增加面积基本与林地减少面积相当。

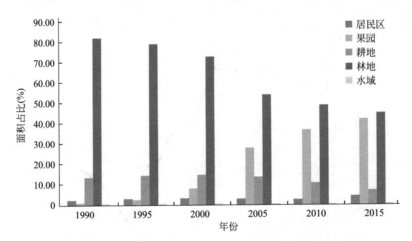

图 6.5-3　东江源寻乌水域 1990～2015 年各地类面积变化示意图

6.5.2　安远县

安远县坚持果业发展"十不准"和"三禁、三停、三转"等相关规定，按照"宜果则果，宜林则林"和"生态优先、规范建园、提质增效，转型升级、循序渐进"的原则进行规划，特别是坚守生态红线，严格禁止在饮水源区、景区、水库库区、县城规划区、高速公路两面山和以产城新区脐橙批发市场为中心半径 5km 范围内复产脐橙等柑橘类果树，计划至 2022 年全县发展生态果业 233.33km²，复产脐橙等柑橘类品种 180km²，优化品种结构，主栽"中熟"纽贺尔脐橙 146.67km²，发展"安远早""亮红""赣南早"等早熟优新脐橙平中 13.33km²，发展"伦晚""市文""杂柑""哈姆林"等其他特色品种 20km²。2009-2019 年的水果产量变化趋势如图 6.5-4 所示。种植面积变化趋势如图 6.5-5 所示。

2009～2014 年，安远果树种植面积基本保持稳定趋势，2009 年总面积为 1.7184 万 hm²，2014 年达 1.9252 万 hm²。自 2014 年后，种植规模大幅缩减，在 2018 年达到最低

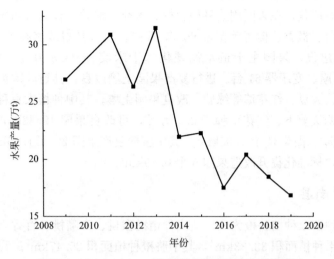

图 6.5-4　2009~2019 安远县水果产量变化趋势图

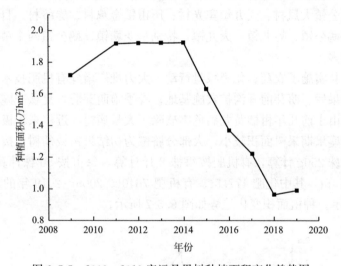

图 6.5-5　2009~2019 安远县果树种植面积变化趋势图

0.9642 万 hm²，降幅为 49.9%。水果产量也保持相应的下降趋势，由 2013 年的 31.4823 万 t 下降至 2017 年的 20.4048 万 t，降幅 35.2%。2017 年水果产量小幅攀升，2019 年水果产量达 16.8152 万 t，产量达 0.9922 万 hm²，面积比 2018 年增长 2.9%，产量则下降了 8.9%。预计 2020 年将进一步下降。从种植种类来看，每年柑橘类的水果占据水果产量的 90.8% 以上。

为确保安远县果业产业健康持续发展，2020 年 3 月，安远全县范围内开展果树注射不明化合物专项整治行动，从县公安局、果业局、农业农村局、市监局、生态执法局等部门单位抽调人员，成立专项整治行动工作组，对使用、销售不明化合物的果农和经销商，依据《中华人民共和国农产品质量安全法》《中华人民共和国食品安全法》《中华人民共和国刑法》等有关法规进行查处，坚决打击违反无公害脐橙生产技术规程的人和事。

2021 年以来，安远果业认真落实"六稳""六保"工作措施，实施标准化生态果园建设，开展果园生态修复，在果园周边种植杉树、木荷、枫香、樟树等苗木，县财政出钱调运栽种杉木、木荷、枫香、樟树等苗木 90.67 万株。出台县财政奖补政策，完善果园水、电、路基础设施建设，果园主干道水泥硬化每千米奖补 23.8 万元，实施奖补果园路 160km，山塘 63 座、变压器 61 台。进行复产果园土壤改良，县财政购买绿肥种籽，实施果园套种植萝卜、大豆、红花草等绿肥，改良果园土壤，其中种植大豆种籽 2.7 万斤，改良果园 18km²，购买萝卜、红花草种子 3.1 万斤，可改良果园 19.33km²。今年筛选建设标准化生态（候选）果园 34 个 1.85km²，其中脐橙复产果园 20 个 1.65km²，技术集成果园 8 个 0.32km²，标准化提升改造果园 6 个 0.49km²。

6.5.3　定南县

定南县水果种植以种植脐橙为主，适当种植猕猴桃、鹰嘴桃、百香果、葡萄等其他水果。目前全县水果种植面积 33.33km²，其中脐橙种植面积 25.47km²。我县脐橙种植以大户为主，全县 0.07km² 以上基地 37 个，面积为 15.33km²。拥有全市单体种植面积最大的公司定南县华鹏果业发展有限公司，拥有 8 个规模脐橙基地，分布在龙塘镇长富村、胜前村、洪洲村、鹅公镇大风村、天九镇宾光村、历市镇金鸡村、赤岭村。目前脐橙种植重点分布在龙塘镇、鹅公镇、岭北镇、天九镇，特别是龙塘镇、鹅公镇两个镇为重点镇，鹅公镇一般种植户较多。

近年来定南县实施了农药、化肥减量行动，大力推广增施有机肥技术。每年施肥 3 次左右，分别于采果后、萌芽前开沟扩穴施基地；春季施萌芽肥，夏秋季施壮果促梢肥，以水肥淋施为主。由于前几年柑橘黄龙病危害砍除了大量病树，近年来积极引导农户进行恢复性生产，进入盛果期果树面积较小，大部分脐橙为初结果树或幼树，按平均水平计算施肥量，化肥按每株 250g 计算，有机肥按每株 8 斤计算，每亩按 50 株计算，则 3.82 万亩总施肥量为 8117.5t，其中化肥 477.5t、有机肥 7640t。2009～2019 年的水果产量变化趋势如图 6.5-6 所示。种植面积变化趋势如图 6.5-7 所示。

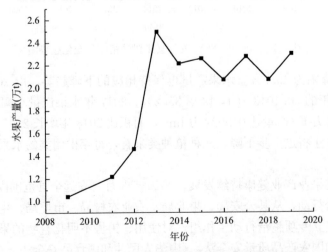

图 6.5-6　2009～2019 年定南县水果产量变化趋势图

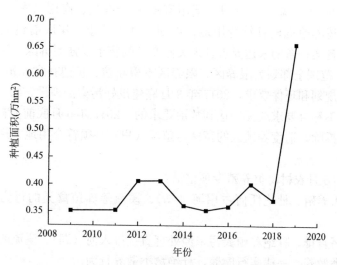

图 6.5-7　2009～2019 年定南县果树种植面积变化趋势图

相比于寻乌和安远，定南水果产量规模更低。2008～2018 年，定南果树种植面积稳定在 0.35～0.40 万 hm²，2009 年总面积为 0.3518 万 hm²，2013 年达 0.4065 万 hm²。2013 年后，种植规模又小幅缩减，在 2015 年达到最低 0.3529 万 hm²，降幅为 13.1%。水果产量则逐年上升，由 2009 年的 1.0436 万吨上升至 2013 年的 2.4951 万 t，增幅 139%。2013 年后，水果产量稳定在 2.1 万 t，2019 年产量达 2.3028 万 t，种植面积达 0.6561 万 hm²，分别比 2018 年增长 11.2% 和 36.7%，预计 2020 年将进一步增长。从种植种类来看，2019 年柑橘类的水果占据水果产量的 94.8% 以上，具体包括脐橙和柚子，其余则是梨、桃、柿子。

6.6　东江源区禽畜养殖情况

东江源区安远、寻乌、定南三县养殖畜禽种类以肉猪、肉牛为主，兼有少量的肉鸡、蛋鸡、鹅、鸽和羊。养殖业的污染给东江生态环境带来了许多压力，近年寻乌、安远、定南三县政府相继采取了"三区"规划、禁养区内养殖场的关停（拆除）、规模法养殖等一系列整治措施对养殖业养殖进行规范，通过建设绿色生态循环园等对养殖粪污进行循环利用，极大减轻了东江源水生态环境压力。

6.6.1　寻乌县养殖业的整顿、出栏（存栏）数量变化、养殖场主要分布区域

1. 寻乌县养殖业的整顿

（1）2016 年 12 月开展畜禽养殖污染专项整治

调整了畜禽养殖禁养区、限养区、适度养殖区"三区"规划，从本月起开展为期 1 年的畜禽养殖污染专项整治行动，以有效防治畜禽养殖污染，保护和改善东江生态环境。将县内主要公路、河流沿岸两侧垂直距离 100m 范围及县内主要景区、景点内全部划为禁养区。在禁养区不得新建、扩建畜禽养殖场（栏），畜禽养殖场（户）存栏生猪≥50 头、肉

牛≥30头、羊≥50头、兔≥1000只、蛋用家禽≥1000只、肉用家禽≥1000只的一律予以关闭。小于上述养殖规模且符合用地、规划和环保要求，年底前建设好污染治理设施的，将予以登记备案；逾期未达要求且未关停搬迁的将予以强制拆除。河流沿岸两侧垂直距离100～500m范围全部划为限养区。限养区不得新建、扩建畜禽养殖场（栏），原有养殖场符合用地、规划和环保要求，2017年3月底建设好污染治理设施的，补办环评手续或予以登记备案；不符合要求或无法达到整治要求的，2017年6月底前要自行予以关停或搬迁，逾期将强制拆除。适度养殖区的畜禽养殖场（户）必须符合用地、规划和环保要求并登记备案。

（2）2020年6月农村禽类养殖专项整治：

1）禁止活水养殖。杜绝任何占用河（湖）、溪流等养殖禽类的行为，确保河畅水清岸绿。

2）禁止粪污直排。杜绝养殖粪污未经处理直接排入河（湖）、溪流的行为。

3）禁止禽类散养。一律实行圈养，杜绝禽类散养行为。

4）禁止人禽混居。养殖区域应设置围挡，人禽不得混居。

5）禁止超环境负荷养殖。杜绝在一个小流域或区域内过度养殖，超环境纳污、自净能力。

（3）东江源区粪污整顿

按照"种养结合、生态循环、绿色发展"的要求，立足畜禽清洁化生产，推广应用多种粪污综合处理利用技术，实现畜禽粪污的减量化、资源化利用。根据实地调研和寻乌县提供的资料，当前源区畜禽污染治理措施主要包括：

1）简单发酵，直接排放。部分养殖场的粪污水仅通过露天化粪池发酵，直接排到地表水环境，这种粪污水处理方式对N、P的处理极低，属于严重污染环境的处理模式。

2）"种-养"结合，风险较大。东江源区脐橙种植面积大，部分养殖户（散养和较小型的专业户）的养殖污染物经简单处理后，直接输往果园、林地作为肥料，这种处理方式下，污染物遇较大降雨则易进入地表水体，污染水环境。

3）"沼气"利用，污染较重。沼气利用是东江源区较普遍的粪污利用方式，大量散户和较小专业户基本都能采样沼气模式，沼气池后的粪液部分用于林地、果园和菜地，部分被直接排放到自然环境。

4）"公司＋农户"，污染物较少。目前，已有公司进入东江源区与农户合作共同实施生猪养殖生产，养殖户需对养殖场进行改造，增加污染物处理措施，如水污分离、雨污分离、干湿分离等，粪污经发酵、有机肥生产等工艺后进入农田、果园或林地。该模式对环境污染相对较小。但是，仍有部分养殖户的环保设施过于简单，有的未采取"三分离"措施或仅采取部分分离措施。

5）多工艺组合，有效利用。在高环保要求下，源区开始出现采用多种工艺处理、利用粪污产品，最终实现污染物极少排放的养殖模式。该养殖模式需配合"种植"业对肥料的需求，较大面积的占地，粪污经沼气发电（与市电并网），进一步发酵后沼液可作为营养液种植蔬菜、喷雾果树和经济林木，该养殖模式能充分利用粪污营养，对环境影响较小。

2. 养殖业的出栏（存栏）变化（表 6.6-1）

东江源区寻乌县 2010～2020 年畜禽养殖存栏（出栏）量情况年鉴　　　表 6.6-1

类目		单位	2010	2011	2012	2013	2014	2015	2016	2017	2018	2019	2020
当年出售和自宰	肉猪	头	220436	223479	201420	204858	206240	207437	221364	203970	221364	198270	105992
	肉牛	头	11666	12415	12910	13260	13600	14080	15730	15986	15730	11305	11630
	肉羊	只	12458	12868	13060	13340	13660	15530	17124	15580	17124	16634	16872
	肉兔	只	272743	272594	257160	270370	273070	308000	310000	318000	310000	302613	340397
	肉禽	百只	26600	26129	25475	26075	26721	27500	29200	42385	29200	43184	44645
能繁殖	母牛	头	15641	16183	16390	16830	17250	17870	19436	20832	19436	20098	20102
	母猪	头	13687	12659	12255	12320	12850	12050	12040	13450	12040	7998	5600
期末存栏	牛	头	30560	32324	32780	33660	34500	37623	40320	44026	40320	30309	30930
年末存栏数量	生猪	只	122685	124638	120820	123800	124570	124990	12600	124055	126000	104579	53188
	羊	只	11653	12060	12200	13860	14130	15103	16000	15437	16000	16734	17634
	兔	只	40397	39563	38440	38900	39360	40670	45380	49536	45380	53198	57437
	家禽	百只	13800	13471	13133	14916	17362	17740	18260	20000	18260	21743	22604
	养蜂箱数	箱	4865	4589	4355	4260	4150	5183	—	12080	15125	15100	16625

期初（末）畜禽存栏头只数：指报告期初（末）农村各种合作经济组织和国营农场、农民个人、机关、团体、学校、工况企业、部队等单位以及城镇居民饲养的大牲畜、猪、羊、家禽等畜禽的存栏数。

3. 寻乌县养殖场主要分布区域（表 6.6-2）

东江源区寻乌县大型规模养殖场分布区域　　　表 6.6-2

序号	养殖场地址	养殖场户名称	养殖畜种
1	留车	海泰家禽养殖有限公司	生猪
2	南桥	南桥镇顺农养殖专业合作社	生猪
3	晨光	晨光镇富民生猪养殖专业合作社	生猪
4	长宁	新兴生态农业发展有限公司	生猪
5	晨光	金星生猪养殖专业合作社	生猪
6	项山乡	寻乌县雪峰生态养殖农场	生猪

小结：经过近几年寻乌县政府对当地养殖业的整顿，当地较大的养殖企业较少，根据国家统计公报，寻乌 2019 年出售和自宰生猪以及年底存栏生猪数量缩减了一半，肉牛数量相对比较稳定，其他小型家禽逐年增加。其中，散养户较多，应加强对散养户的管理，以进一步做好东江生态的保护工作。

6.6.2 安远县东江源区养殖业的整顿、变化、养殖场主要区域

1. 相关整顿政策

为大力推进畜禽养殖污染防治工作，保护东江源生态环境，促进畜禽养殖业健康可持续发展，建设生态秀美东江，安远县人民政府近年对本地养殖业的相关整顿及政策如下：

2017年12月31日：全面完成畜禽养殖禁养区内养殖场的关停（拆除）工作，实现全县禁养区内无养殖场的目标，推动养殖业科学发展，改善生态环境。

（1）宣传摸底阶段（2017年5月1日～15日）

① 全面宣传发动。召开县、乡（镇）、村三级动员大会，对禁养区内养殖场关停（拆除）工作进行动员部署。

② 深入调查摸底。各乡（镇）根据全县"三区"划定情况，深入开展禁养区内养殖场（户）调查摸底工作，做到乡不漏村、村不漏户。

（2）集中整治阶段（2017年5月16日～11月30日）

① 下达关停（拆除）通知书。5月31日，各乡（镇）根据调查登记情况，下达《安远县畜禽养殖场（户）限期关停（拆除）通知书》至本乡（镇）禁养区内养殖场（户），明确每个养殖场（户）的关停（拆除）责任人及时限，并由养殖户自行选择关停或拆除。

② 狠抓限期关停（拆除）工作。各乡（镇）及关停（拆除）责任人积极做好关停（拆除）对象的思想工作，督促其在9月30日前签订《安远县畜禽养殖场关停或拆除协议》（附件5），并自行完成关停（拆除）工作。

（3）落实政策阶段（2017年12月1日～12月31日）

① 加强监督管理。建立县、乡（镇）、村三级日常巡查队伍，加强对已关停（拆除）养殖场（户）的巡查和监管力度，严防出现"反弹"和"复养"情况。

② 开展政策帮扶。各乡（镇）和相关部门单位要按照关停（拆除）与转产并举的思路，积极探索生猪退养转产举措，制定出台相关帮扶政策，引导养殖业主向种植业或第二、三产业转移，为养殖户们开辟致富增收新路子。

2020年上半年：展开农业农村污染防治攻坚战工作，坚持畜禽养殖"预防为主，防治结合，统筹规划，合理布局，综合利用"的指导思想，扎实开展畜禽养殖污染治理专项行动。主要内容包括：

（1）完成畜禽养殖"三区"划定的调整工作

对一些没有法律依据或依据不确切划定的禁养区进行了调整，将濂江河、镇江河沿河两岸1km调减为100m划定为禁养区，对300人以下未审批的供水点取消禁养区划定，全县共调减禁养殖区53.24km^2，增加限养区23.16km^2。

（2）完成畜禽养殖场重新调查摸底工作

动员和督促各乡镇组织力量对全县畜禽养殖场（户）进行重新细致的拉网式调查摸底工作，将所有的畜禽养殖场依据其所处的养殖区域进行分门别类的登记造册。

（3）稳步推进畜禽养殖场污染整治及养殖废弃物综合利用工作

自2017年起推行对可养区、限养区内的养殖场按照"二分五改"的标准和要求进行

整改制度。通过各乡镇自查上报统计，至 2018 年 8 月底止，可养区、限养区内规模养殖场全部完成了"二分五改"整治，全部建有配套粪污处理设施；至 2019 年 12 月 31 日止，年出栏 500 头以下的养殖户 268 户完成了"二分五改"整治，整治率达到 90.8％。

2. 养殖业的出栏（存栏）变化（表 6.6-3）

东江源区安远县 2010～2020 年畜禽养殖出栏（存栏）量情况年鉴　　　　表 6.6-3

类目		单位	2010	2011	2012	2013	2014	2015	2016	2017	2018	2019	2020
当年出售和自宰	肉猪	头	108217	111162	116375	202422	204315	215745	252055	226104	252055	345000	407656
	肉牛	头	17261	17920	19326	19875	20187	19456	19496	20466	19496	17558	17988
	肉羊	只						5660	535	5660	11254	11295
	肉兔	只	39108	35077	38400	36957	38765	38694	40120	40254	40120	39957	40420
	肉禽	百只	20300	28359	24138	24565	25375	26121	25925	22785	25925	17679	18162
能繁殖	母牛	头	16698	16708	17534	17663	18010	17052	15186	19956	15186	21920	22430
	母猪	头	7350	10215	13160	16063	16126	16512	16354	19092	16354	20543	7600
期末存栏	牛		25141	29631	30348	30721	32323	30645	30966	36098	30966	29958	30120
年末存栏数量	生猪	只	111098	117424	137371	154663	162101	167010	170508	153707	170508	230504	132760
	羊	只						816	2833	945	2833	6800	6880
	兔	只	4289	3775	7125	6825	7114	7146	7856	7885	7856	8910	8935
	家禽	百只	12800	12012	9874	9944	10252	10541	10287	8975	10287	6346	6545
其他	养蜂箱数	箱	6573	6799	7035	7086	7357	7398	8645	10092	10852	11233	12080

期初（末）畜禽存栏头只数：指报告期初（末）农村各种合作经济组织和国营农场、农民个人、机关、团体、学校、工况企业、部队等单位以及城镇居民饲养的大牲畜、猪、羊、家禽等畜禽的存栏数。

3. 养殖场主要分布区域（表 6.6-4）

东江源区安远县大型规模养殖场分布区域　　　　表 6.6-4

序号	养殖场地址	养殖场户名称	养殖畜种
1	镇岗	安远县万里生态养殖场	生猪
2	镇岗	安远县东江源良种猪场	生猪
3	鹤子	赣州新大兴生态农庄	生猪
4	镇岗	江西润民农业生物科技发展有限公司	生猪
5	三百山	安远县万鑫养猪场	生猪
6	镇岗	安远县罗山养猪场	生猪

4. 调研项目内容

（1）安远县有机农产品循环经济示范园项目（安远县车头镇）

有机农产品是纯天然、无污染、安全营养的食品，也可称为"生态食品"。它是根据有机农业原则和有机农产品生产方式及标准生产、加工出来的，并通过有机食品认证机构认证的农产品。它的原则是，在农业能量的封闭循环状态下生产，全部过程都利用农业资源，而不是利用农业以外的能源（化肥、农药、生产调节剂和添加剂等）影响和改变农业的能量循环。有机农业生产方式是利用动物、植物、微生物和土壤4种生产因素的有效循环，不打破生物循环链的生产方式。

建设内容及规模：

① 建设"猪-沼-果"和"林业废弃物-食用菌-有机物-脐橙"为循环模式有机脐橙产业示范园 13.33km²，年出栏生产1万头；

② 建设食用菌工厂化生产车间，有机肥生产车间 15000m²，年产食用菌 3000 万袋，有机肥5万t；

③ 进行有机食品的申报论证及品牌建设等。

意义：年增加脐橙、食用菌、有机肥等销售收入 1.2 亿元，同时提高赣南脐橙品质，保护东江源生态环境，促进循环经济的发展，构建绿色节约社会都有重要的意义。

（2）江西润民农业生物科技发展有限公司年出栏 30 万头生猪养殖场建设项目

江西润民农业生物科技发展有限公司年出栏 30 万头生猪养殖场建设项目拟建在赣州市安远县镇岗乡高峰村，猪场占地面积约 8.4km² 山地。项目总投资约 22000 万元，新建猪苗扩繁场 1 个，项目年存栏基础母猪 12600 头，公猪 300 头，年出栏仔猪 30 万头（均重 13 斤/头）。拟建猪场总建筑面积 12000m²。

小结：近年来，安远县人民政府通过出台一系列关于养殖业的政策，通过养殖场的关停（拆除）、划定的禁养区、养殖废弃物综合利用等手段对保护东江生态环境做出了巨大的贡献。但是，安远县的当年出售和自宰生猪数量近十年增加了约 4 倍，禁养区内的这些养殖场，对乡村水体、空气、土壤造成了严重的污染，对它们进行依法依规拆除或加强监管非常符合保护东江生态环境的需要。

6.6.3 定南县养殖业的整顿、变化、养殖场主要区域

1. 养殖业整顿相关政策

为大力推进畜禽养殖污染防治工作，减轻东江源生态环境压力，促进畜禽养殖业健康可持续发展，定南县人民政府近年对本地养殖业的相关整顿及政策如下：

（1）2016 年下半年粪污整顿

坚持发展与治理并重，生产与生态兼顾，注重治旧控新、疏堵结合，依托国家生猪调出大县奖励、畜禽粪污资源化利用整县推进等项目资金，通过采取养殖场标准化改造、推广第三方"全量化"收集处理畜禽粪污模式，探索出适宜县域发展的畜禽粪污资源化利用"定南模式"。

1）率先整治，淘汰落后产能。定南县委、县政府高度重视生猪养殖污染防治，于2016 年下半年在全省率先启动生猪污染整治工作，按生态环境保护底线和生物安全防护红线，全县累计关停、转产中小养猪场（户）1100 余家，有力淘汰了落后产能。

2) 第三方处理，打造循环农业。

3) 分类指导，加快改造升级。除了岭北区域所有养猪场（户）和岭南区域所有规模养殖场共112家纳入第三方粪污全量化收集处理，剩下养猪场（户）因地制宜、因场施策，全面开展治理改造升级。

（2）2018年6月定南发展绿色生猪养殖

在"猪—沼—果"传统循环农业的基础上，探索了区域生态循环农业发展模式。县正合绿色生态循环园收集周边畜禽养殖业粪污和农业废弃物，通过沼气发电和制造有机肥的方式，变"污"为"宝"、变"废"为"宝"，实现废弃物资源化利用。园区建设了2万 m^3 的特大型沼气工程、2000W发电机组和有机肥生产中心，年处理50多万头生猪粪污废弃物，年发电量800多万千瓦时、生产有机肥3万多吨，"养殖、种植、能源、生态"的农业循环经济链条初现。目前，园区已与全县74家大型养猪场签订了粪污全量化收集协议，日均收集处理粪污260t，全县31.54万头生猪粪污得到了资源化再利用。

（3）2018年6月生猪产业现代化排污处理集约化

定南是国家级生猪调出大县，为减少对环境的影响，定南积极推进生猪养殖现代化，通过粪污集中处理，实现生猪产业的可持续发展。位于岭北镇的阳林山下养殖有限公司目前存栏7000多头。为实现养殖现代化，企业投入7000多万元，安装了自动化供料系统、智能化饲喂系统、猪性能测定系统等设备。

（4）畜禽粪污资源化利用整县推进

全面关停禁养区养殖场（户），对非禁养区养殖场（户），利用养殖场（户）已有的自主处理粪污方式，结合县内畜禽粪污专业处理第三方公司集中流域你把收集全量化处理模式，到2020年底，实现畜禽粪污综合利用率达到85%以上，年出栏生猪当量500头以上规模养殖场粪污处理设施装备配套率达到100%。依托定南本土各类种植基地，全面推广优质高效有机肥料，改良土壤结构，提高土壤肥力，保护生态环境，进而提升定南本土农产品品质，形成整县推进畜禽养殖粪污资源化利用的良好格局。

（5）2020年2月调整定南县畜禽养殖"三区"划定范围

为进一步做好畜禽养殖污染防治工作，切实保障农村环境安全和促进畜牧业持续健康发展，对定南县畜禽养殖"三区"划定范围进行调整。根据新调整的畜禽养殖"三区"规划严禁饮用水源地及上游集雨区新建养殖场，禁止库区内所有畜禽养殖、网箱养鱼、肥水养殖和投饵性养殖，对库区和上游规模化畜禽养殖发现一起、打击一起，限期关停上游村庄新发现和反弹的养殖场。

（6）2020年年底前定南开展河湖水库水产养殖污染治理专项行动

2020年底前，全面清理河湖水库禁养区网箱养殖。开展专项整治行动，严厉打击在湖泊水库投放无机肥、有机肥和生物复合肥水产养殖行为。根据方案，定南将全面清理河湖水库禁养区网箱养殖，专项整治湖泊水库投肥养殖行为，全面完成《养殖水域滩涂规划》编制，开展养殖尾水治理试点示范。

2. 养殖业的出栏（存栏）变化（表6.6-5）

期初（末）畜禽存栏头只数：指报告期初（末）农村各种合作经济组织和国营农场、农民个人、机关、团体、学校、工况企业、部队等单位以及城镇居民饲养的大牲畜、猪、羊、家禽等畜禽的存栏数。

东江源区定南县 2010-2020 年畜禽养殖出栏（存栏）量情况　　　　表 6.6-5

类目		单位	2010	2011	2012	2013	2014	2015	2016	2017	2018	2019	2020
当年出售和自宰	肉猪	头	702392	710830	724790	744100	756800	757525	739228	693617	739228	641270	508200
	肉牛	头	5230	4966	4858	4652	3813	4140	4190	4195	4190	3014	3075
	肉羊	只	1380	1365	1385	1405	1420	1440	1480	1564	1480	1715	1735
	肉兔	只	13760	12934	9730	9432	9460	9010	9005	9000	9005	10345	11285
	肉禽	百只	18800	17880	14756	14975	11736	11912	11615	10813	11615	9688	10562
能繁殖	母牛	头	9624	9546	7760	7542	7280	6550	5951	5952	5951	6560	6780
	母猪	头	37580	37300	39360	42446	43300	41136	40728	35528	40728	28248	30820
期末存栏	牛	头	14187	14011	12860	12463	12010	10810	10824	10826	10824	7905	8130
年末存栏数量	生猪	只	415215	410360	436000	431300	445160	423825	420912	397912	420912	341367	231600
	羊	只	1908	1890	1715	1733	1700	1705	1936	1998	1936	1950	1975
	兔	只	8087	7870	5380	5125	5130	5110	5080	5095	5080	6095	6178
	家禽	百只	12000	11450	9370	8910	8020	8405	8253	7435	8253	5623	6090
其他	养蜂箱数	箱	2591	2610	2600	2472	2475	2478	2480	2400	2500	2420	2630

　　定南县畜禽养殖业以生猪、牛为主，近十年间，通过政府的一系列整顿，其总量均在逐年下降，但是规模仍然较大，寻乌 2019 年出售和自宰生猪数量约为定南的 1/5，安远 2019 年出售和自宰生猪数量约为定南的 4/5。因此，应对定南县规模养殖场粪污处理设施装备配套的建设情况和运行状况进行重点的监督，以减轻对东江源区的水源污染压力。

　　3. 定南县养殖场的主要分布区域（表 6.6-6）

定南县养殖场的主要分布区域　　　　表 6.6-6

序号	养殖场户名称	设计存栏规模	设计年出栏规模	养殖场地址	养殖畜种	污染物处理状况及处理措施
1	定南县康丰生态养殖场	3000	8100	定南县天九镇太康村	生猪	第三方收集
2	泽丰猪场	2000	4000	定南县天九镇石盆村	生猪	第三方收集
3	定南县华丰现代农业科技有限公司	4500	9500	定南县历市镇上坑村	生猪	第三方收集
4	定南县纪丰养殖场	2000	3500	定南县历市镇桥水村	生猪	第三方收集
5	定南县张添星养猪场	2000	4000	定南县历市镇蕉坑村	生猪	第三方收集
6	定南双胞胎畜牧有限公司	15000	30000	定南县历市镇长桥村	生猪	第三方收集
7	定南联丰牧业有限公司	2200	5000	定南县历市镇长桥村	生猪	第三方收集
8	定南县民丰良种猪场	2000	4000	定南县老城镇老城村	生猪	第三方收集
9	定南永丰猪场	2000	3600	定南县老城镇老城村	生猪	第三方收集

续表

序号	养殖场户名称	设计存栏规模	设计年出栏规模	养殖场地址	养殖畜种	污染物处理状况及处理措施
10	定南县龙井坳生猪养殖场	3000	10000	定南县岿美山镇三亨村	生猪	第三方收集
11	定南县鹅公镇银竹鸿兴种养基地	4000	8000	定南县鹅公镇水邦村	生猪	第三方收集
12	定南县鹅公盛丰生态养殖场	2500	4900	定南县鹅公镇大风村	生猪	第三方收集
13	定南县金稻鹅业养殖场	5000	15000	定南县龙塘镇湖江村	鹅	制作农家肥
14	赣州市鼎峰生态农业有限公司五户养殖基地	80000	240000	定南县天九镇五户村	蛋鸭	制作农家肥
15	赣州鼎峰生态农业公司赤水养殖基地	50000	150000	历市镇赤水村	蛋鸭	制作农家肥
16	定南县光宏综合养殖有限公司	160000	1600000	龙塘镇长富村黄龙岗	肉鸽	制作农家肥
17	乐德鸽场	20000	60000	老城镇乐德村	种鸽	制作农家肥
18	鑫旺鸽场	12000	120000	岿美山镇板埠	肉鸽	制作农家肥

小结：定南立足于国家级生猪调出大县，政府近年通过拆除部分养猪场、发展现代化养殖、养殖粪污资源化处理、生猪产业转型升级、三区划定等一系列手段对养殖业进行规范处理，为缓解东江源水环境生态压力起到了巨大作用，其中，定南建成的定南生态循环农业园，创新"N2N＋"区域生态循环农业模式，使得全县畜禽粪污资源化利用达到 99.7%。

4. 调研现场——正合绿色生态循环园

为有效实现粪污资源化利用，定南县通过引进江西正合环保科技有限公司，提出"让养殖户安心养猪，粪污交给专业的团队来处理"的口号，在岭北镇杨眉村投资建设正合绿色生态循环园（图 6.6-1），打造"N2N 运营模式"（图 6.6-2～图 6.6-5），即建设大型沼气发电基地和有机肥生产推广应用基地，上连 N 家畜禽养殖场，下连 N 家种植业户，发展种养结合、循环农业。

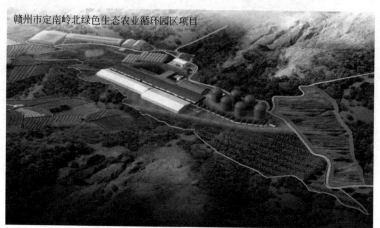

图 6.6-1～图 6.6-5 彩图

图 6.6-1　正合绿色生态循环园设计效果图

图 6.6-2　猪场收集粪污

图 6.6-3　肥源进料区

图 6.6-4　沼气发电

图 6.6-5　历市镇太公蔬菜基地使用有机肥肥土

　　总结：在定南、寻乌、安远三县中，截至 2019 年，在生猪养殖方面，定南规模最大，数量最多，其次为安远、寻乌。寻乌 2019 年出售和自宰生猪数量在 10.6 万头左右，近十年来逐年减少，对东江源水生态环境影响在逐渐减弱，肉牛养殖数量基本无变化，在其他养殖方面通过当地政府的一系列管控，已取得了较好的保护效果。安远县 2019 年出售和自宰总量在 40.8 万头左右，规模较大，近十年来，生猪养殖数量逐年增加，而肉牛养殖基本无变化，安远县应做好生猪养殖的污染防治与监管。定南作为东江源区生猪养殖大县，当地通过建设正合绿色生态循环园等，发展种养结合、循环农业，极大地减轻了养殖业对东江水生态环境压力，且肉猪、肉牛、肉禽等养殖数量均在逐年减少，但较大的养殖数量仍然给东江生态环境带来了巨大的压力，应加快对养殖业总量的控制。

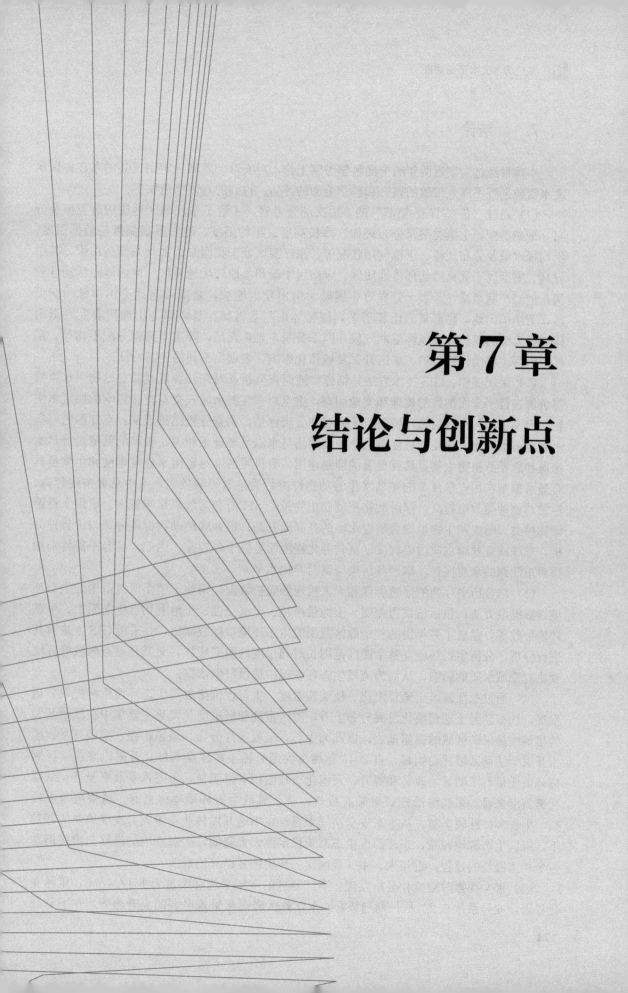

第 7 章

结论与创新点

7.1 结论

本项目经过为期近两年的全面科学考察工作，对安远、寻乌、定南三县的东江源区水文水资源进行了深入细致的调查和科学全面的评估。得到的具体结论如下：

（1）通过"普查-详查-监测"的多层次综合考察，了解了东江源区地质构造类型及分布、地貌类型、土壤类型及分布规律、海拔高度、年均温度、绝对最高温度与最低温度、年均降水量及分布规律、土地利用状况等。东江源区处于我国东南加里东期造山带，其中寻乌、安远属于武夷隆起环境地质区，定南属于赣州盆地环境地质区，区内地壳活动性较强，褶皱产状紊乱，断裂十分发育。属赣中南山丘区地貌，是南岭与武夷山山脉的交汇区，为中山山地，呈群集的山簇形态，桠髻钵山与盘古嶂、基隆嶂等山地构成反 S 形山体。呈典型的亚热带季风性湿润气候，四季分明，光热充足，降水丰沛但分配不均等。东江源沿河土壤受作物种植、矿区开采及城镇化影响，表现出不同的土壤特征。

（2）采用遥感、GIS 技术方法并结合实地调查分析，对东江源区动物、植物、水生物等资源进行了全面细致的梳理和实地调查，重点对东江源水质安全有直接影响的源区水生物、重要水库和河流周边环境进行了调查和分析评估。调查分析结果表明：东江源的寻乌水和定南水蓝藻、绿藻和总浮游植物种类数均与水温呈显著正相关，较高的氨氮对寻乌水绿藻和总浮游植物生物量具有显著的抑制作用，有机质污染对定南水硅藻丰度和生物量具有显著抑制作用；东江源的寻乌水浮游动物种类数受总氮影响较大，水中总氮浓度越高，浮游动物种类数也越高。浮游动物密度和生物量受 pH 值和溶解氧影响较大。定南水浮游动物种类、密度和生物量均会随着水温的升高而升高；根据底栖动物群落分布与优势种分析，东江源夏秋季水质污染程度、富营养化程度明显低于冬春季。因此，冬春季需特别加强对东江源的水质保护，减少其污染与富营养化水平。

（3）结合历史存档的遥感影像和无人机现场航拍数据，构建了整个源区范围的生态环境指标提取方法，包括植被覆盖度、土地荒漠化、土壤侵蚀、土地利用、生态阻力、生态评价指数等，建立了多年份的整个源区范围的生态环境指标数据集，并采用 GIS 方法对其进行分析，分析生态环境在整个源区范围长时间尺度的演变规律，尤其是重点区域的环境变化对流域水质的影响，从而为流域生态环境保护提供科学依据。

（4）通过东江源区土地荒漠化、植被覆盖度、生态评价指数等生态环境指标提取分析发现，从东江源土地荒漠化发展分布上看，源区重度和极重度荒漠化主要集中在城镇开发的建筑或是采矿区域的裸露地表，以此为中心，呈现连片分布，城镇扩张、果园开发、矿山开采等活动区域扰动明显，自 2013 年赣南大部分稀土矿区全面停止开采以来，矿区周边环境质量有了明显的改善和提升，荒漠化土地面积下降明显，生态恢复效果显著；从植被覆盖度来看，东江源治理效果颇有成效，整个流域生态环境整体良好，植被覆盖度较高，生物多样性较丰富。从生态安全格局来看，在当地开发林业资源大力发展果业的背景下，源区生态源地锐减，东江源区生态系统稳定性大大降低，生态环境的恢复与治理仍是一个相当漫长的过程，近年来，东江源区生态环境恢复已显出成效。

（5）水文要素时空变化分析发现，东江源区的多年平均降雨量为 1617.4mm，年际变化显著，变异系数 0.2。从长期趋势看，东江源区降雨量呈现微弱的上升趋势。在季节分配上，1～6 月降水量逐渐增加，7～12 月降水量呈现递减趋势；其中 4～6 月降水量占全年的 44%。空间分布上表现为山地较高、平原和盆地较低的格局。东江源区定南水年平均流量和年最低流量没有显著变化趋势，年最大流量呈现显著减少趋势。寻乌水年平均流量、年最低流量和最高流量没有显著变化趋势。东江源区定南水胜前（二）站年平均水位和年最低水位没有显著变化趋势，年最高水位呈现显著减少趋势，每年平均减少 0.05m。寻乌水系水背站年平均水位、年最低水位和最高水位没有显著变化趋势。寻乌水水背站 2009～2018 年输沙量呈现显著的上升趋势，其中 2016 年输沙量最大，年输沙量的增长率平均达到 1.18 万 t/a。土壤墒情监测结果显示，近 5 年来流域内的土壤含水量总体呈现下降趋势，且随着土壤深度的增加，土壤含水率也逐渐增加。

（6）东江源区不同河段共 28 个水文断面进行了调查，选择定南县鹅公镇高湖村（柱石河流域）和寻乌县桂竹帽镇华星村（龙图河流域），探明了河段纵横剖面特征、建立了洪峰水位关系，最终得到历史山洪的洪峰流量、流速和重现期。另外对东江源区旱情进行调查分析，结果显示近 70 年属于中度干旱的年份有 3 年，1991 年、1963 年、2003 年，年降雨量距平分别为 −38%、−36%、−31%，轻度干旱的年份有 11 年，其中 2000 年后的 2004 年、2018 年、2009 年、2014 年均属于轻度干旱，年降雨量距平分别为 −22%、−19%、−16%、−15%。

（7）东江源区水资源开发利用进行调查，对寻乌、安远、定南三县的供水量、用水量、耗水量及水资源承载能力进行了分析。东江源区的水资源可利用量约为 9.2 亿 m^3，东江源区的供水量、用水量、耗水量为 2.32 亿～2.49 亿 m^3、2.32 亿～2.49 亿 m^3、1.28 亿～1.41 亿 m^3。寻乌、安远、定南三县的水资源开发利用状况略有差异。另外，东江源各县的水资源承载能力处于临界～超载状态，主要表现为用水总量较多、部分水功能区水质达标率偏低。安远县和寻乌县 2016～2018 年水资源承载能力处于临界状态～不超载状态，用水总量占用水总量控制指标的 92%～99%，用水量较高；水功能区的水质达标率为 100%，各水功能区的水质良好。定南县 2016～2018 年水资源承载能力处于临界～超载状态，用水量占用水总量控制指标的 86%～95%；水功能区的水质达标率为 33%～100%，部分水功能区的水质不达标，水质状况较差，导致定南水的水资源承载能力处于超载状态。

（8）东江源定南水（安远县境内）水环境在评价时段，水环境质量状况始终稳定处于优的状态，其中孔田、三百山和镇岗均达到水质目标类别Ⅱ类，鹤子镇半迳桥断面水质类别优于水质目标类别Ⅲ类。定南水（定南县境内）在各评价时段，定南县城及工业区下游的定南变电站断面、三经路口断面和天九断面是定南水水环境质量的关键断面，水质类别多处于Ⅳ类～劣Ⅴ类，均处于轻度污染、中度污染甚至重度污染状态，超标水质指标均为氨氮。特别是定南三经路口断面、天九断面，无论是按月评价还是按枯水期、丰水期和年平均，水质类别为主体呈现劣Ⅴ类，处于重度污染状态。超标水质指标均为氨氮。

（9）寻乌水在各评价时段，干流及各支流上游河段的断面及下游出省断面水质类别能始终保持Ⅱ类～Ⅲ类，即水质状况为优良状态，但在工业用水区、稀土开发集聚区及其下游的断面，水质多处于Ⅳ类～劣Ⅴ类，水环境处于轻度污染、中度污染甚至重度污染状态，超标水质指标均为氨氮。2018 年按月评价，上石排断面、文峰-南桥（寻乌水）镇界断面、南桥-留车（寻乌水）镇界断面、桂竹帽-文峰（龙图河）镇界断面、留车-龙廷（寻乌水）镇界断面均出现Ⅳ类水质类别；文峰-南桥（柯树塘溪）镇界断面全年 12 个月的水质均为劣Ⅴ类。超标水质指标均为氨氮。按枯水期、丰水期和年平均评价，文峰-南桥（寻乌水）镇界断面在枯水期的水质类别为Ⅳ类，不达标的水质指标为氨氮。文峰-南桥（柯树塘溪）镇界断面在枯水期、丰水期和年平均的水质类别均为劣Ⅴ类，不达标的水质指标为氨氮。2019 年、2020 年评价结果显示，寻乌水水环境质量整体上有较显著的改善，但在稀土开发集聚区文峰乡河段污染状况依然严重，其中各断面在枯水期、丰水期和年平均的水质类别均为劣Ⅴ类，超标指标依然为氨氮。

（10）东江源水环境质量变化趋势调查了流域上的 20 个具有较长监测历史的断面，调查时段为 2010～2019 年。各断面的水环境质量变化趋势分析可以看出，东江源水环境质量呈现出逐年向好的趋势，Ⅰ～Ⅲ类水质比例上升，劣Ⅴ类水质有所下降。2019 年水质达标率最高，Ⅳ类和劣Ⅴ类水仅占比 4.8％，Ⅲ类水以上有 92.6％。Ⅳ类～劣Ⅴ类水质类别的断面数量逐年减少。历年的超标水质指标主要有氨氮、COD 和 DO。但要关注九曲湾水库、礼亨水库两个集中饮用水源地的水质变化，该两断面虽然各年的水质类别都为Ⅱ类，达到水质目标，但其 COD、TP 浓度有一定的上升趋势，要关注其富营养化程度的发展。

（11）通过专家咨询和实地调查的方式，对东江源区主要风险因子进行打分、评价。针对工业园的评估分析表明，定南县工业园区环境风险为源区三县最高，主要原因在于定南县工业园区工业企业以化工和电路板企业为主，加工生产涉及较多有毒有害气体和中间产物的排放；寻乌县虽然工业园区多于定南县，但工业园区以通用设备、食品、建筑材料生产加工类型企业为主。针对矿山的评估分析表明，安远县矿山环境风险为源区三县最低，安远县东江源区内矿山仅有 7 座，数量最少，且多为砖厂、地热或采石场等非开采金属矿山，相对风险较小。

本次调查通过对东江源区水文水资源进行调查评价，了解了源区自然地理环境，具体包括地质、土壤、气候等；分析了水生态安全的影响要素和变化趋向，建立了多年份的整个源区范围的生态环境指标数据集。摸清了东江源在各评价时段的水质变化情况，详细把握了东江源区水体动植物的种群分布状况；掌握了流域降雨量和流量、水位、输沙量等水文要素的分布与过程及时空变化特征；掌握了社会经济发展状况及其对水文水资源质与量的影响，了解了东江源头的山洪灾害分布特点。为东江源区水源保护和资源利用目标的实现提供基础资料，为全力保护东江源的生态环境、防止东江源生态功能退化、推进泛珠三角区域合作、进而实现东江源区的可持续发展，"保东江源一方净土、富东江源一方百姓、送赣粤两地一江清水"，提供参考和助力。

7.2　创新点

（1）历史上首次用现代科学技术，从科学的角度对东江源区水文水资源进行了全方位的综合考察

本次科学考察是首次以"水"为核心，从自然地理、社会经济、水资源、水环境、流域资源五个维度，采用宏观视野和微观镜头，通过踏勘、取样分析等方法，利用遥感、卫星、无人机等技术，对东江源区相关流域进行的全覆盖科学考察，获得了大量一手基础资

料，建立了东江源多样性数据库和科研监测数据库；从东江源头物理空间宏观角度和采用点样本微观层面，对相关数据进行了详细科学分析，获得了东江源区水文水资源基础科学数据库，得出了东江源区水文水资源承载生态环境条件逐步改善和水质质量总体向好的结论。

（2）东江源区水文水资源科学考察环节始终贯穿了科学的观点、全新的理念

本次考察全面贯彻"生命水、政治水和经济水"的基本观点，围绕"多送水、送好水和放心水"的全新理念，摸清东江源区家底，实现全面掌控、细节把握、重点突出，对东江源区整体状况、制约因素、重点环节进行了全面梳理，为东江源区的绿色可持续发展提供了科学的建议和指导。

（3）东江源区水文水资源考察取得了新的认识，综合分析有了新的科学认识

发现并论证了寻乌水和定南水的"东江源"源头的物理空间具有一定的相关性；确定了流域各断面影响水环境质量的关键水质指标，以及影响东江源水环境的关键区域；首次对东江源开展了大时间尺度的水环境质量变化趋势分析评价，分析了 2010～2019 年各关键断面的水质变化趋势；构建了东江源区风险结构模型，并构建了东江源区矿山地质环境风险评价指标体系；首次对东江源水资源进行了基于氨氮的优质水资源分类，较为全面地分析了东江源较已有文献研究和内外业调查成果的基础上，充分运用 ArcGIS 技术等手段，针对东江源区的山洪灾害现状、防洪能力现状、非工程措施现状及需治理的山洪沟 4 个方面进行了系统研究与分析评价。

第8章

东江源保护建议

8.1　东江源"十四五"保护规划与远景目标

8.1.1　"十三五"建设成效

"十三五"时期是全面建成小康社会决胜阶段，当地人们对生态环境保护的认识进一步增强，当地政府对东江源区生态环境保护决心和力度越来越大，国家在生态环境保护转移支付资金越来越大，东江源流域内环境治理方面取得了重大进展，污染防治力度加大，生态环境明显改善。江西省赣州东江源区生态建设和保护力度空前，有效解决了东江源区内历史遗留的废弃稀土矿山环境问题，环保设施也在加快完善，建成多个工业废水处理中心、垃圾焚烧发电厂、城镇污水处理厂，农村的生活垃圾处理和污水治理设施也得到提升改善。

8.1.2　"十四五"推动绿色发展，促进人与自然和谐共生

"十四五"时期是我国全面建成小康社会、实现第一个百年奋斗目标之后，乘势而上开启全面建设社会主义现代化国家新征程、向第二个百年奋斗目标进军的第一个五年。"十四五"对生态文明的要求是实现新进步，国土空间开发保护格局得到优化，生产生活方式绿色转型成效显著，能源资源配置更加合理、利用效率大幅提高，主要污染物排放总量持续减少，生态环境持续改善，生态安全屏障更加牢固，城乡人居环境明显改善。因地制宜推进农村改厕、生活垃圾处理和污水治理，实施河湖水系综合整治，改善农村人居环境。支持生态功能区把发展重点放到保护生态环境、提供生态产品上，支持生态功能区的人口逐步有序转移，形成主体功能明显、优势互补、高质量发展的国土空间开发保护新格局。提升生态系统质量和稳定性。坚持山水林田湖草系统治理，构建以国家公园为主体的自然保护地体系。实施生物多样性保护重大工程。加强外来物种管控。强化河湖长制，加强大江大河和重要湖泊湿地生态保护治理。科学推进水土流失综合治理，推行林长制。完善自然保护地、生态保护红线监管制度，开展生态系统保护成效监测评估。

东江源区生态环境的保护要做好"加法"。加强东江源保护区和生态功能区的水生态保护，抓好林业重点生态工程建设，着力将江西省赣州市打造成我国南方地区重要生态屏障，强化生物多样性监管，巩固提升生态系统稳定性。做好防御的"减法"，进一步强化生态保护意识、严把项目准入关和排放总量关，从源头上实现资源消耗的减量化；倡导环境友好型生活消费方式，形成崇尚生态文明的社会新风尚。做好效益的"乘法"，以绿色发展理念为引领，结合赣州东江源区优势，打造富有特色的主导产业，抓好旅游发展的统筹规划、设施建设、宣传推介等工作。做好治理的"除法"，严格环境执法，开展清洁生产，推进产业升级，让东江源头区的山更青、水更绿、空气更清新。

8.1.3　远景目标

党的十九大对实现第二个百年奋斗目标作出分两个阶段推进的战略安排，即到2035年基本实现社会主义现代化，到21世纪中叶把我国建成富强民主文明和谐美丽的社会主义现代化强国。其中广泛形成绿色生产生活方式，碳排放达峰后稳中有降，生态环境根本

好转，美丽中国建设目标基本实现。对东江源流域的远景目标制定应该充分利用东江流域生态补偿、农村环境综合整治等重大基础性研究成果，立足源区的基本情况和经济社会发展特点，围绕提升生态环境质量、优化经济发展和保障生态安全为主要目标，重点开展生态环境形势分析、环境目标、重点区域污染防治、自然生态、核与辐射安全、重大工程项目、规划实施保障、投入机制、目标责任考核以及生态环保规划体系等方面研究，理清发展思路，打造生态文明建设的江西样板，加快美丽中国建设目标的实现。

8.2　具体保护对策

8.2.1　对水资源保护的建议

为保护东江源区水资源，建议从以下方面加强建设。首先优化水文水生态监测体系，增强水资源监测能力，在现有站网的基础上，深入调查分析新建、改建的工程措施对流域特征和现有水文站网的影响，结合最严格水资源管理制度"三条红线"考核、水生态文明建设、防洪排涝、水资源及水安全等各项涉水事务对水文的信息支撑需求，建议新建、升级监测站、新增项目站 46 站。其次，增加科技和财政投入，提高水资源利用效率，加强中小河流治理，进一步提高用水效率，加快浇灌设施的建设，发展农业喷灌、滴管等新型灌溉技术，减少水量浪费。最后加强生态补偿力度，适应水生态文明建设新要求，为东江源区水资源保护提供制度、技术和资金保障。

8.2.2　对水环境保护的建议

为保护东江源水环境质量，建议从以下两方面加强优化和管理。首先是受污河段加强治理手段，寻乌水水环境质量整体上有较显著的改善，但是还需要加强稀土开发集聚区文峰乡河段氨氮污染治理。定南水的定南变电站断面、三经路口断面和天九断面存在相似问题。建议完善农村排水管网系统，强化农村生产企业的配套环保设施管理，降低农药使用次数。另外，政府相关部门需要关注九曲湾水库、礼亨水库两个集中饮用水源地的水质变化，两断面虽然各年的水质类别都为Ⅱ类，达到水质目标，但其 COD、TP 浓度有一定的上升趋势，要关注其富营养化程度的发展，加强在线监测系统的建设。

8.2.3　对节水措施的建议

水资源的合理利用和保护是生态文明建设的重要组成。东江源区作为东江流域以及粤港澳大湾区水资源重要的供给侧，今后的节水措施是构建水资源可持续利用的重要保障。结合东江源区水资源开发利用和社会经济发展状况，节水措施主要包括以下方面：

（1）积极响应国家政策，加强县域节水型社会达标建设。

节水型社会建设是水利部门为落实中央治水十六字方针之一"节水优先"的重要举措。通过节水型社会建设，全面提升全社会节水意识，倒逼生产方式转型和产业结构升级，促进供给侧结构性改革，更好满足广大人民群众对美好生态环境需求。

（2）推广农田和果园节水灌溉技术，切实提高农业生产活动水资源利用效率。

农业生产活动用水占东江源区用水量的 60%～70%，是各县的主要用水部门。农业用水效率提高有助于从整体上提高水资源利用效率。建议农业、水利、科技、金融等部门加大节水灌溉技术的引进、推广，从贷款税收优惠、灌溉技术培训、农田水利规划等方面切实增加农田和果园节水灌溉的比例，既提高水资源利用效率也增加农业产量。

（3）加强节水宣传，营造全社会爱水节水意识。

应多开展以节水爱水主题的宣传活动。通过召开专题会议、开展能源紧缺体验活动、发放节水宣传资料、张贴宣传画等形式，引导干部群众参与节能减排、节约用水建设，形成节约资源、保护环境、爱护生态的新理念。

8.2.4　对出水断面生态流量管控的建议

当前我国河湖生态流量的管控工作正在处于起步阶段，通过对东江源调查发现寻乌水和东南水的生态流量管控还需进一步的完善和优化。

（1）优化东江源生态流量的管控体制

对东江源的流量管控体制进行优化，明晰河湖生态流量管控部门的事权、生态环境部门在实际管控工作中的监督及执法权责等，为各项工作的有效开展提供政策保障。形成常态化的制度体系，通过协商互助的方式解决重点流域的河水生态流量管控问题，确保整体的完善性。

（2）建立生态流量检测预警机制，加强科技支撑能力

将强东江源生态流量监控平台，加强重点水库下泄流量关键断面监测设施建设，完善水文监测站网，加强视频监控，提升枯水期地水量生态流量的监控能力，采用遥感、5G、大数据等科技技术手段，提升监测监控能力，实现管控可视化，并制定相应预警相应措施。

8.2.5　对矿山污染修复的建议

坚持规划先行、统筹推进，高水平编制了项目推进的纲领性指导文件，确保山水林田湖草项目实施"有章可循"。统筹推进上大胆革新，消除水利、水保、环保、林业、矿管、交通等行业壁垒，按照"宜林则林、宜耕则耕、宜工则工、宜水则水"治理原则，统筹推进水域保护、矿山治理、土地整治、植被恢复等四大类工程，实现治理区域内"山、水、林、田、湖、草、路、景、村"九位一体化推进。

8.2.6　对果业种植的建议

季节性果业管理活动是农药的重要污染来源，建议优先从源头上进行控制，可以综合采用物理（诱杀）、生物（生物农药替代）和生态（生物趋避和捕食）等措施防控病虫害发生，逐步完成东江源脐橙种植区域的化学农药减量替代技术，尤其是对于水生生物具有较大毒性的农药。此外，结合果园种植区域水系特征，因地制宜采用过程阻断（修筑沉淀池、生态滞留塘和透水坝等）和深度净化技术（修筑生态沟渠、功能湿地和生态浮床等）在降低氮磷污染负荷的同时也可降低农药残留等痕量有毒有害物质。

参考文献

[1] 刘良源等 . 东江源区生态资源评价与环境保护研究 [M]. 南昌：江西科学技术出版社，2006.

[2] 戴星照，胡振鹏 . 鄱阳湖资源与环境研究 [M]. 北京：科学出版社，2019.

[3] 刘良源 . 东江源区流域保护和生态补偿研究 [M]. 南昌：江西科学技术出版社，2001.

[4] 席运官，李德波，刘明庆，等 . 东江源头区水污染系统控制技术 [M]. 北京：科学出版社，2015.

[5] 胡振鹏，刘青 . 江西东江源区生态补偿机制初探 [J]. 江西师范大学学报（自然版），（2），2007.

[6] 刘青，胡振鹏 . 江河源区生态系统服务价值评估初探——以江西东江源区为例 [J]. 湖泊科学，19（3），2007.

[7] 吴倩雯，况润元，张刚华等 . 东江源稀土矿区土地利用变化遥感监测研究 [J]. 测绘科学，44（3）：51-56，2019.

[8] 胡小华，方红亚，刘足根等 . 建立东江源生态补偿机制的探讨 [J]. 环境保护，000（002）：39-43，2008.

[9] 方红亚，刘足根 . 东江源生态补偿机制初探 [J]. 江西社会科学，000（010）：246-251，2007.

[10] 林家淮，欧书丹，刘良源 . 东江源区森林涵养水源、固碳制氧价值估算 [J]. 江西科学，2009.

[11] 廖日红，刘国平 . 东江源区湿地生态系统综合评价及修复策略 [J]. 江西科学，36（05）：88-92，2018.

[12] 涂飞云，韩卫杰，孙志勇等 . 江西两栖爬行动物物种多样性研究 [J]. 江西科学，33（4）：495-503，2015.

[13] 孙志勇，张微微，魏振华等 . 江西爬行动物多样性及地理区划 [J]. 江西农业大学学报，38（6）：1145-1153，2016.

[14] 钟蕾蕾 . "十四五"期间赣州新发展理念研究，2020.

[15] 谢花林，李秀彬 . 基于分形理论的土地利用空间行为特征——以江西东江源流域为例 [J]. 资源科学，2008.

[16] 邹多录 . 江西省寻邬水的鱼类资源 [J]. 动物学杂志，23（3）：15-17，1988.

[17] 邓凤云，张春光，赵亚辉等 . 东江源头区鱼类物种多样性及群落组成的特征 [J]. 动物学杂志，48（2）：161-173，2013.

[18] 曾金凤 . 东江源区智慧水文的设计与实现 [J]. 人民珠江，39，（3），11-15，2018.

[19] 曾金凤，陈厚荣，刘玉春 . 东江源区水文站网现状分析与优化设计 [J]. 人民珠江，40，（9），85-94，2019.

[20] 曾金凤 . 东江源寻邬水水资源开发利用问题与对策建议 [J]. 江西水利科技，（2）：115-119，2016.

[21] 汪林清，欧阳翠凤，刘良源 . 东江源区寻乌县稀土废弃矿山治理建议 . 江西科学，（2），246-248，2014.

[22] 刘琦，江源，丁佼 . 东江流域主要支流溶解性有机质污染特征初探 [J]. 自然资源学报，31（7）：1231-1240，2016.

[23] 赵肖，彭海君，陈清华 . 东江源头区水污染系统控制工程及策略研究 [J]. 现代农业科技，（2）：279-281，2012.

[24] 张觉民，何志辉 . 内陆水域渔业自然资源调查手册 [M]. 农业出版社，1991.